李志铭 著

装帧列传

迎向书籍设计的狂飙时代

商务印书馆
创于1897 The Commercial Press

2019年·北京

目　录

序一

要知上山路，需问下山人

台湾科技大学　李根在

初中同学在我当时的毕业纪念册留下了这句话："要知上山路，需问下山人。"

初中时期因为对英、数、理化不擅长，自己花很多时间在历史与地理科目上。也许是阅读了很多历史故事，对于社会中的人情世故有了更深一层的理解，而这也让自己在为人处世上有个借鉴，不只在生活上如此，在专业上尤其是。

真正学习"设计"，始于就读实践专校时。相较于高职美工科着重在手工技术上的磨炼，在实践时老师更看重的是学生在想法和思考上的表达。当时应用美术科在谢大立老师的掌舵下，大力邀请众多业界知名设计师，如张国雄、王行恭、王明嘉与刘开等老师，前来任教授课。

喜好历史，自然而然对台湾设计界经历过的人事物特别感兴趣。而受教于这些老师门下，不曾在课堂上听闻他们提起自己的丰功伟业，且在那信息流通不便的年代，关于设计前辈的作品和报道介绍等，亦不像现在轻易可在网络上搜寻得知，往往只能透过那些少之又少的设计类杂志书刊，或是有心去光华商场的旧书摊上寻找翻阅。我即是因此陆续知晓，张国雄老师是台湾战后第一个设计展“黑白展”的展出成员，王行恭老师是第一个跨界团体“变形虫设计协会”的成员之一，而当时台湾几个重要文艺活动的视觉文宣均出自刘开老师之手。

话题还是回到书籍装帧设计这端。

二十多年前曾听过王行恭老师的公开演讲，谈到从日治时代后书籍封面设计的变化，第一次真实感受到政治与社会风气对设计的巨大影响。也许这影响不仅显现在设计上，在社会各领域、各面向都可明显感受到。从日治时代书籍封面设计的活泼，1949 年后，受到白色恐怖的影响，创作者为避免所绘制的图像被诬指、密告，极度苍白的视觉构成画面成了当时书籍封面设计的基本调性，这些过往的历史是当代设计师难以想象的。

1987 年后，思想开放，各领域百花齐放，附着在对象表面的平面设计有了更多的创意想象。思想与言论出版自由，在流行歌曲与以文字传播知识讯息的出版业尤其显著。书籍装帧与唱片封面设计在过去十多年间变成大众关注的焦点，严格来说并非是突然而起的。细究整个设计发展过程，经济发展到一个阶段后，人们对于设计的需求大增，这已经超越实用取向，更多的是追求舒适生活的视觉美学感受。而在各项设计类别中，唯独书籍封面装帧和音乐专辑的设计师最为大众所认识。个人观察除了因为书籍和音乐专辑是少有会置放设计师名字的品项外，相较于商业类型的广告设计或是为企业构想视觉识别形象，文化与大众流行文化类型的设计，对设计师而言更能发挥创意。

在20世纪80年代前，台湾关于本土设计历史的学术性研究始终付之阙如，大约是因为台湾的设计学是以技术职业教育为始；直至20世纪90年代后，大专院校的设计系如雨后春笋般成立，接着又纷纷开立专门研究所，这才逐渐从以技术人才培养为主的职业教育，延展至专业的学术研究范畴。其中，本土设计史论虽不是研究所热衷的题目，但如林品章与姚村雄教授等，亦开始针对日治时期平面设计进行各面向的研究。当然，被归类为“历史”必须经过一段长时间的沉淀，于此，志铭对台湾战后书籍装帧设计相关人事物的搜罗、爬梳与书写，无疑补足了重要的一块拼图。

几年前便拜读志铭的《装帧时代》《装帧台湾》二书，书中梳理了1949年后的近代书籍设计风景，以人物为经、作品为纬的方式，介绍过去数十年来的书籍设计师和其作品。这样系列性的书写，可让读者依循时间的递嬗次序看到台湾书籍设计的样貌与变化。而从书籍设计的形式风格，对照当下的政治与社会氛围，更可让后生晚辈清楚台湾过往书籍设计的发展过程。

本书是志铭以台湾书籍设计为主题的第三本，时序也往后推展到20世纪70至90年代，书中介绍的设计师不乏曾教导过我的老师、认识的前辈，或是久仰大名却从未当面认识的前行者。从书中的叙述看到这些设计前辈走过那个时代，沿途遭遇种种困难，留下深刻的创作轨迹。从他们的作品中看到的不只是视觉形式与风格，更多的是面对当下现实社会环境与保守文化氛围，仍坚守文化本质与高度的态度。以设计作品诠释当下环境，同时亦可观照到文化对设计美学的深巨影响。

台湾的书籍设计受到现实政治发展影响颇大，对照于中国大陆或日本等，台湾在历史上似乎永远处于非主流的状态，而此过程中，身处时代洪流中的台湾人似乎始终无法找到自信。自信，无关好坏，而是清楚知道自身的优缺点。或许从过往历史脉络中去梳理并找到自身文化上的优缺点,清楚看到问题后，才能真正建立起属于自己的信心，卓然于世，不亢不卑。

序二

重现风华

“旧香居”店主　吴卡密

不知道从何时开始，脸书会跑出回顾过往今日的动态，提醒你某一年的此时，你在做什么、想什么、经历什么事。在我开始写《装帧列传》推荐序时，脸书回顾了2010年《装帧时代》新书发表会当天的照片，这个巧合，提醒了我，这本书就是一个传承，一个延续。

《装帧时代》是一个起点，也是志铭第一阶段的努力成果。一开始，他应该没想到这是一趟漫长的创作旅程，在完成第一本装帧大师的介绍后，他也愈发感觉到：这些曾经辉煌一时的创作者、产量丰富的插绘家，如果不把握机会对他们进行访谈，这些记忆、经历终将会随着时间慢慢地流逝，许多宝贵的创作过程和经验就无人知晓了。

在陪志铭和郭英声老师进行关于凌明声（1936—1999）的访谈时，经由郭老师口述，加上当时的地点、人物，当所有信息一切到位时，我们仿佛也能遥想当年情境：在大马路旁，两个疯狂热爱艺术的少年郎，为寻求一个画面、一种氛围，用独特的观照方式，奇异的频率，寻找震撼心灵的强烈互动。那也正是为什么我会想：做一个撰写者，如果想要领略时代风华，再现历史情境，访谈是相当重要的一个环节。时移事往，很多第一手数据，往往会随着不可控制的因素渐渐消失，那真的非常可惜。我们同样感受到：与其在数据堆、档案中翻寻他们，不如把握机会，和他们面对面地深谈。

为了将每本装帧漂亮、历久不衰的书籍幕后工作者的故事诠释到位，志铭尽力联系到书中的装帧家及其家人朋友，在访谈前做了大量准备功课，让受访者愈说愈起劲，包括创作过程的甘苦谈、大环境的条件、社会的状态如何成就他们的专业，那些美好的点点滴滴，经由志铭的整理再分享给大家，虽然工作量很大，但我深信这是非常重要且意义深刻的工作，因为这是呈现“人”的成就和故事。

对我来说，这次收录的前辈装帧家更贴近自己的阅读历程，例如我对传统建筑美感的印象就是从霍荣龄为郭英声老师设计的《台湾映象》（*Images of Taiwan*）那大胆又传统的设计而来。而令我印象深刻的林崇汉老师，他的作品常常出现在报纸副刊上。因缘际会，我们在《联合文学》297期（2009）“旧书摩登”专题有合作机会。林老师的外表看起来非常草根，有点粗犷，和画作呈现的气质相当不同。我们聊起他手绘的封面作品，在非常细腻而写实的线条下，却营造出超现实的氛围，画面组成充满惊奇，让人感到一种缥缈和沧桑，但又充满广阔能量，在视觉上很是新鲜奇特。我记得当时林老师听了之后微笑许久，说：“是这样啊！”

当我初次见到徐秀美老师时，忍不住对她说：“真的是看你设计的书长大！”不管是倪匡或克里斯蒂系列，我都非常喜欢她极具特色的封面。她人物水彩画的晕染功力非常厉害，人物造型独特，常有一双细长迷蒙的眼睛，背景的荒芜和异次元的空间感，让画面充满神秘感，超过二三十本的书系封面记忆是无人可取代的。聊起这两个系列时，也能感受到老师的满意度，倪匡老师也非常喜欢，觉得她是最能够诠释他作品的插绘家。

另一个有趣的例子是王行恭老师。王老师是位旧书、旧文物的爱好者、收藏家。在《装帧列传》里，王老师是我最熟悉的人，因为我从小在父亲的旧书店帮忙，小时候总觉得老师是个又帅又时髦的长辈，加上不同于大多数人留学美国，老师选择留欧，但作品却又非常古典优雅，甚至传统怀旧，对我来说，这是很有趣的反差。书籍设计，绝对不是只指封面，还需要经由装帧、内页编排、纸张的选择运用，完整呈现作者的创作意念。这是王老师一直想要推广的，一如多年来他在金蝶奖等书籍设计推广的贡献，我想这也是一种使命感。

拉杂细数，可以看到这些大师跟自己的阅读历程是如何紧密联结。图像永远都是让人记忆深刻的，艺术与文字的结合能够跨越时代，而经典则是能够超越时空。隐身在作品背后的他们，可能也需要很多的机会或访谈，才得以窥见内心真正的创作动力和想望。志铭比我们更了解这些创作者，如何用最真实生动的文字来论述、分享他们一生的努力，点亮他们的成就，这是一种挑战。我在志铭的文字中嗅到兴奋和嫉妒，在我们来不及参与的年代和创作历程中，志铭不断地挖掘、探索，呈现的不只是他们一生努力的过程，某种程度也展现了一个时代的美学、社会氛围与流行文化，这些前辈大师丰富了台湾装帧的内容，也幸好有志铭为他们留下一份宝贵的记录。

书籍设计是很多年轻人向往的工作，这本厚实的《装帧列传》没有为设计锦上添花，老师们都再三强调，在基础教育之外，广泛涉猎群书、对生活多方面观察，都可以让他们在创作时更刺激灵感，这也是为什么他们能在这份工作中获得成就。《装帧列传》是借由对专门领域的撰述与分享，给予大家积极正面的能量，提醒要对自己的人生投注热情和梦想，而专注执着，是每个成功梦想家最重要的付出。

对志铭来说，这是庞大又漫长的写作计划，也许不是初衷，却不小心一步步深陷其中，因为我们对旧书的热爱与挖掘，一直都乐此不疲。我想，以装帧来写部文学史应该是下一个目标吧！我也期许自己和“旧香居”能给他更多协助，让这一部分尽早完成，对于读者，对于台湾的书籍史，都会是令人值得期待的！

缘起

走过狂飙年代的书籍设计

话说这几十年来，台湾已有多少一时兴起却无法让人长久感动的东西?

时间是最公正的裁判。

有些作品能够百看不厌，历久不衰，那就是经典。诚然，提及所谓“书籍装帧”（Book Binding）、“封面设计”（Cover Design）也自不例外。

就“设计”的发展过程而言，台湾岛内总是相对欠缺了对于过往“历史脉络”（Historical Context）的传承及深化（一般来说设计史也并非业界显学）。关于20世纪五六十年代西方大跃进的设计现代化过程，现下绝大多数成长于20世纪80年代后的新一代年轻设计师，几乎未曾经历早年纯手工绘画、完稿的技艺洗练，就直接跳到数字时代新的设计思维、新的视觉工具,亦不了解过去设计界的前辈们到底曾经做过哪些挑战、进行过什么样的革命。于是乎，在欠缺纵深思考以及商业快餐文化的影响下，有些作品往往流于表面的拼贴或模仿（君不见近年来层出不穷的设计海报抄袭与封面“撞衫”事件，其中又特别深受当代日式风格设计之影响），只因觉得它很酷，甚至不乏强调纯粹性、标榜“极简即流行”的现代设计观，只是孤立地谈风格、造型、颜色（主要偏爱黑、白、灰等无色彩）、结构，却很少回过头来省思或了解自身美学文化的历史根源究竟从何而来。

从《装帧台湾》到《装帧时代》

《周礼·考工记》有一段话："天有时，地有气，材有美，工有巧，合此四者然后可以为良。"

回看 20 世纪初，伴随着西方印刷术的传入，传统线装木刻形式的书籍装帧逐渐式微。中国最早的现代书籍设计，其源头可溯至 20 世纪 30 年代鲁迅、陶元庆、钱君匋等人的新文学版本装帧。与此同时，位在海峡另一端的台湾，正处在日本殖民统治期间。当时在日本出生、自幼在台湾度过童年时光的日籍诗人小说家西川满[①]（1908—1999）与"湾生"[②]版画家立石铁臣[③]（1905—1980）等人，对于台湾民俗风土的深切喜好，毋宁提供了他们在书籍美术造型以及文学创作上的丰厚资源。

作为近代台湾最早推广藏书票文化的先行者且热衷与木刻

---

① 西川满，1908 年生于福岛县会津若松市，三岁时随家人迁居来台，在台北大稻埕附近度过了童年岁月，1927 年 3 月返回日本就读早稻田大学佛文科（法国文学系），毕业后（1933）又来台居住，曾短期出任《台湾日日新报》文艺栏及"台湾爱书会"发行机关志《爱书》期刊编辑，直到三十九岁（1946）终战期间引扬归国。

② 意指在台湾出生的日本人。

③ 立石铁臣，1905 年生于台北城内东门街，八岁那年随父亲调职举家返回东京。1935 年，立石铁臣与西川满等人成立"版画创作会"，陆续搜集、创作与台湾乡土民俗有关的版画作品，并发表同人杂志《妈祖》。自 1941 年《民俗台湾》创刊号起，立石铁臣便开始长期连载脍炙人口的"台湾民俗图绘"，以图文并茂的方式翔实描绘了上世纪三四十年代岛屿庶民日常生活和风土器物，这些作品不仅是他深入台湾民间社会进行田野访查的写生记录，同时也诉说着他对台湾的真情与依恋。

艺术家合作出版装订书籍而被称作“限定私版本の鬼”的西川满，在他长居岛内、堪称生命中最浪漫辉煌的三十六年里，先后创设了“妈祖书房”[①]、“台湾创作版画会”[②]，耽溺于自制“限定本”的造书事业，在台湾民俗版画里融入常民生活题材，一册册灌注了爱书的热情，制作出许多精致绝美的限量手工书[③]。

根据拙著《装帧台湾》一书所述，这些作品无论是在美学艺术或其印刷工艺的质感呈现，迄今仍为台湾近代书籍装帧史上难以超越的一道高峰。

其后，走过日本殖民统治五十年，及至战后20世纪五六十年代，此时台湾正值西方现代思潮（包括存在主义、新小说、意识流、现代主义）大量涌进岛内，年轻人开始不断试验、摸索并创造新的艺术形式和风格，一如另部拙著《装帧时代》书中所言：彼时甫从中国大陆渡海来台的第一代美术设计工作者，如廖未林（1924—2011）、龙思良（1937—2012）、黄华成（1935—1996）、高山岚（1934—　）、杨英风（1926—1997）、梁云坡（1927—2009）、朱嘯秋（1923—2014）、陈其茂（1926—2005）等人，陆续对纯艺术创作的“独一性”产生了质疑与反思，过去从事封面设计的画家（艺术家）角色也

---

① “妈祖书房”创设于1934年9月，同年10月刊行《妈祖》期刊。1938年3月，《妈祖》出刊至第十六辑停刊，“妈祖书房”改名“日孝山房”，取家传《孝经》所云“孝心藏之，何日望之”的寓意。

② 1935年5月，立石铁臣、宫田弥太郎与西川满等人共同组织“台湾创作版画会”，主张版画家应该“自画、自刻、自印”，会址即设在西川满台北自宅的“妈祖书房”。立石铁臣、宫田弥太郎两人自此长期担任西川满发行书刊的封面装帧与插图绘制工作。

③ 平日闲暇时，西川满便即四处收集老布料、纸张，因他认为手工书就是要用老材料来制作才有韵味。

开始产生变化，所谓“美术设计”“图案设计”亦逐渐从艺术这门学科当中独立出来，成为一门新兴的专业。他们大多热衷于现代文学、音乐、电影等文艺活动，并且借由协助文艺界友人绘制书籍封面的实务操作而体认到，原来“设计”才是现代艺术的起点。

人们回顾过去，不光只是为了怀旧，有时更是为了参照当前的一些想法。

对于从 20 世纪 30 年代以降，截至战后 20 世纪 70 年代中期左右的装帧设计发展，《装帧时代》先以个别人物为经，《装帧台湾》复以视觉风格和历史事件为纬，两方相互穿针引线、纵横交织，笔者即由此试图归纳、理解台湾早期手工图绘时代的书籍装帧“设计美学”以及其与土地、历史和社会脉络之间的关系。

当年西川满自制出版的限量珍本图书，一律严选使用最高级的手漉和纸、天然素材提炼出的颜料，以及特别定制的铅字印刷，搭配立石铁臣和宫田弥太郎的木刻版画，同时刊行两种各异其趣的双封面版本，因而造就了所谓“西川满式装帧法”的华丽风貌。（吴卡密摄于台北龙泉街“旧香居”）

俯瞰《装帧列传》的设计家群像

走过20世纪70年代、准备迈入下一阶段的十年，那是一个台湾社会甫迎来经济起飞，居民所得逐年成长，房地产和股市不断狂飙，人人都在为经济打拼的时代（“台湾钱淹脚目”指的就是20世纪80年代这段时期）。这年代虽很不平静，却挟有其独特的生猛气味，朴素而有力。再者由于政治上的解严、党禁报禁的解除，更让累积已久的民间力量瞬间迸发，致使各种倡议思想百家争鸣、社会运动遍地烽火，甚至包括出版文化也都出现了前所未有的产业剧变。

1982年，《联合报》开始采用“计算机检排”系统以加速报业产制流程，从此之后，台湾报刊及图书出版业者开启了一场划时代的媒介革命：逐渐淘汰以往着重手绘字稿的铅印排版，开始进入以计算机排版为主流的数字时代。

重回昔日的历史片断，那时候的台湾美术设计界到底发生了什么事？

就在面临“手工图绘”过渡到“数字工具”时代分水岭的这一年（1982）：凌明声（1936—1999）46岁，白天在自己开办的莱勒斯设计公司拼搏事业，晚上兼职替出版社画插画；39岁的黄永松（1943— ）率先带领《汉声》杂志团队如火如荼地展开抢救台湾各地古迹的保存工作；王行恭（1947— ）35岁，刚从美国纽约普瑞特艺术学院（PRATT）回台的他，先是任职《故宫文物月刊》美术指导，5年后创立了自己的设计事务所；34岁的霍荣龄正忙于替当时刚成立不久的云门舞集进行一系列深具开创风格的视觉设计；李男（1952— ）30岁，方进入《中国时报》

“人间副刊”担任美术编辑，后来也同时兼差负责《雄狮美术》《人间》杂志的美术设计；21岁的吕秀兰（1961— ）甫从台湾艺专美术印刷科毕业，旋即在雄狮美术公司工作，六年后创办了闻名遐迩的“民间美术”工作室，以出版手工笔记书独领风骚。

上述这几位当时最负盛名的美术设计工作者，整体来说，皆有别于上一代在战前出生、以手绘图像为主要创作内容的廖未林、龙思良、高山岚、梁云坡、朱啸秋与陈其茂等前辈（按《装帧时代》所述，这群人在20世纪70年代中期以后几乎完全隐退），经历了被史家称作“狂飙时期”、台湾社会风起云涌的20世纪80年代，他们的创作与设计事业大抵都正值意气风发、精神体力全在巅峰状态。

就图书市场而言，一位具有代表性的杰出书籍设计工作者，不仅作品要有鲜明的个人美学风格，更重要的是，也得累积某种程度以上的作品数量（以本书收录标准，一般能够在旧书店找到的，个人设计封面至少要超过三十本）。因此，同为20世纪七八十年代这段期间相对活跃的凌明声、黄永松、王行恭、杨国台、霍荣龄、林崇汉、徐秀美、吴璧人、阮义忠、李男与吕秀兰等，他们的各类设计作品（包括海报设计、书刊插画、封面装帧等）平均来说都有相当明显的市场可见率与创作质量，故而收录于《装帧列传》当中。

除此以外，他们本身往往也都相当注重设计界（或者有关视觉艺术跨领域创作）同行友人彼此之间相互激励、交流、切磋、分享的伙伴关系（包括像是凌明声当年曾和一群摄影界好友共同发起成立“V-10视觉艺术群”，而王行恭、杨国台、霍荣龄等人早年亦皆曾参与“变形虫设计协会”，相约每年定期举办联展活动），并且更重视新一代人才的培养，比如黄永松的汉声出版社,至今俨然已成了孕育几代编辑新人的摇篮(早期远流台湾馆、儿童馆的编辑基本皆来自汉声），而后由吕秀兰一手创立的民间美术也不遑多让，有些员工尽管已经离职多年，却仍深深感念当年民间美术给予的环境滋养。

想象"书卷气"：一种美妙的声音

记得曾经有小说家形容翻开书页搅动空气犹如蝶翼振翅飞舞，我以为书籍装帧也该是一种声音的呈现。

于此，我不禁想起先前和《汉声》杂志发行人黄永松进行访谈时，令我动容的某些记忆片段。"你只要好好做事，必然会有人来帮你忙。"黄永松说道。他在《汉声》从事田野调查与出版工作四十多年，直到现在，其实都是"心无挂碍，一心做着自己想要做的事"。

其间我顺带提到了，《汉声》出版每一本书的开本大小跟装帧样式都大不相同，用纸也很特别。

对此，黄永松表示：《汉声》的每一本书都是一个新生命。因此当初他选纸印书，过程中就是一直在跟纸厂的师傅商量，相互讨论如何解决吃墨过多、或晕开、或版压过重等问题，不断经过多方实验与试印，最后才形成现在这样的风格。在过去没有计算机的时代，由于负责"做书"者往往必须经常跑印刷厂来回沟通，并深入理解各种印刷制程与工法，反而因此激发了某种想象力以及对纸张材料的敏感度。

"这是我们很讲究的"，黄永松强调，基本上这个就叫作"书卷气"，"拿起来是软的、轻的"，而且最重要的是，"它很好翻，翻起来很舒服。”（相对于现在有些设计师做出来的书封外观美则美矣，实际上却很难翻，也不好阅读。）

语毕，黄永松童心未泯般翻动着手上的书册，一页又一页，荡起了层层叠叠的涟漪，在空气中，我仿佛听见美丽的蝶翼擦过耳旁的声音，窸窸窣窣，翩翩飞舞。

但愿，往后每逢遭遇波折困顿的当下，我都会牢牢记住这样的声音、这样的感动，并且时时刻刻不忘初心。

传递温暖童趣的疗愈系

凌明声

生命力顽强的小巨人

已故美术设计家凌明声（1936—1999），曾是战后20世纪六七十年代台湾文艺界与设计界赫赫有名的风云人物。

大学念的是工商管理，曾跟随书画大师溥心畬学习国画、书法。凌明声的作品自有风格，线条大胆、构思新颖，作画时全靠灵感。因为怕灵感枯竭，他不断尝试各种媒材的艺术创作。早年他对摄影近乎狂热，也常替文艺界的朋友绘制书刊插图、设计海报，后来又一度迷上了木刻版画，还拜廖修平为师，甚至连舞台布景、服装造型、室内设计等也都可见他的身影，成绩斐然，堪称十八般武艺样样俱全。

凌明声的居家生活，中间站立者为凌明声，约摄于20世纪80年代。（李绍荣提供）

几乎在每一幅手绘图画作品中，凌明声都

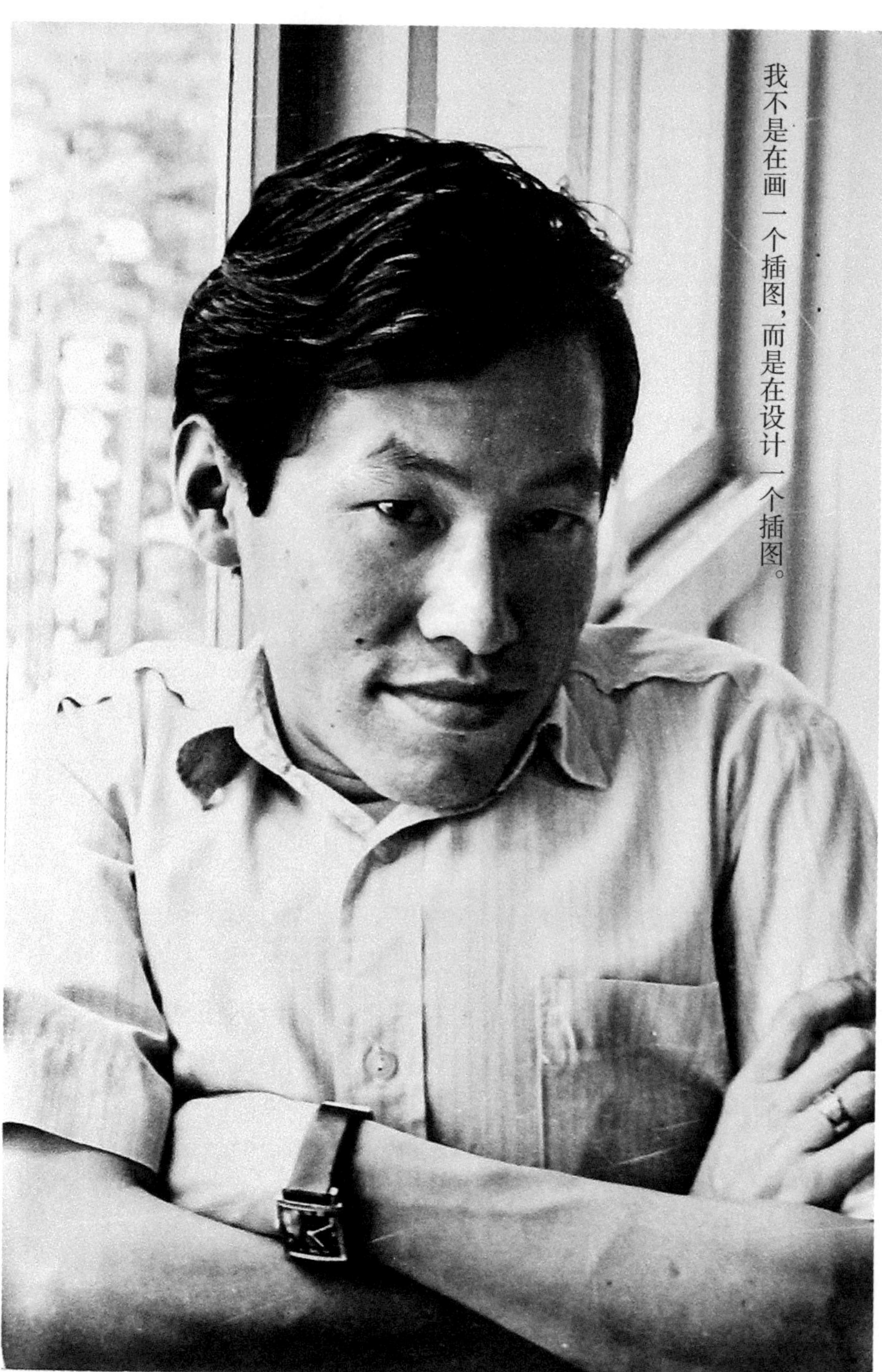

我不是在画一个插图，而是在设计一个插图。

会留下他特有的题款签名“SUN”，意即英文单词“太阳”，代表活泼、开朗，象征喜乐，同时与他名字里的“声”字谐音。

认识并了解凌明声的人，往往会敬服他平日待人处事的坦率和坚毅。尽管天生外表缺憾，个头只有130公分，但天秤座B型、个性爽朗直率的他，凭着乐观的生活态度和对生命的热爱，得以自信满满、气宇轩昂地站在大家面前。尤其面对艺术创作时，他的精神与器量很高、很广，说做就做、毫不畏缩，是个不折不扣的“小巨人”。

凌明声毕生努力工作，也重视生活情趣、强调衣着品位，还喜欢谈女人，用作品歌颂风华卓绝的美女，甚至把新婚太太的艺术照高挂在家中客厅。平心而论，尽管他的绘画基础与技巧并不是最好的，但却具有敏锐的观察力，以及敢于探索、不断尝试新概念的勇气。在短短六十多年的生命旅程中，凌明声活得愉快而突出。

“装甲兵”的年少岁月

全面抗战爆发的前一年，凌明声出生于浙江绍兴，父亲凌巨元在上海从事纺织生意，家境优渥、门风严谨，凌明声从小即在父亲的严格督促下练字、习书法。童年时期住过上海、杭州，置身于十里洋场的旖旎风光、百乐门的锦歌繁华，耳濡目染下，使得凌明声骨子里有着上海人的风趣幽默。他认为在日常生活当中就是要懂得幽默、自娱娱人，才能够享有真正的快乐。

6岁时罹患脊椎结核症的他，成长过程比一般人坎坷，甚至一度病危，在鬼门关外转了一圈。彼时的上海虽然是大都市，

《绿色大地》，钟肇政著，1974，皇冠出版

《弄潮与逆浪的人》，孟瑶著，1973，皇冠出版
《烟云》，司马中原著，1970，皇冠出版
《上升的海洋》，许家石著，1976，联经出版
《啼明鸟》，司马中原著，1970，皇冠出版

封面设计：凌明声

家里的环境也不错，靠着亲人的照料和几分运气，病情虽未见恶化，却也无法好转。之后，凌明声随家人辗转来台，寓居在台北市南京东路。初中一年级，凌明声 15 岁，因痼疾发作，在床上躺了一年多，有一段时间甚至不能下床走路。“幼年的病变，使我身体因而积弱变形，强忍嘲弄中过完了童年，也挣脱了死亡的阴影。所幸，禀赋的坚毅与达观的个性使我愈挫愈强。”[①] 如是，凌明声坦言遭此大难之后，生命反而更具韧性，能够坦然面对困境，也因此养成了他往后一贯乐观、开朗的个性。

1953 年，17 岁的凌明声复学进入师大附中初中部就读。当时，在医师指示下，为了避免刚刚治愈的脊柱再遭受外来冲击，并借此稳定骨骼组织，凌明声必须整天贴身穿着一件特制的铁衣，将上半身躯前后绑起来，直到晚间休息方可脱下，同学们因此替他取了个绰号，叫“装甲兵”[②]。

升上高一那年，在一个偶然的机会里，通过父执辈的介绍，凌明声正式拜人书画大师溥心畬（1896—1963）门下学画。“说实在的，那时候也谈不上兴趣或了解，而我对国画的画风、笔调心里一直觉得遥不可及……溥老师的教育方式也很特殊，他一直认为画画是文人最下层的功夫，先决条件是要会读书、作诗、写字，因此我们固定花在上面的时间不少，加上他是一面画画、一面讲解，你想学得更多，就必须有更

① 凌明声，《达观、进取、自信、谦逊》（未发表手稿）。

② 凌明声，1989，《装甲兵的骄傲——凌明声的年少岁月》，《少年十五二十时》，台北：正中书局。

1979 年“中国广播公司”主办第八届“中国艺术歌曲之夜”，在台北孙中山纪念馆演出许常惠的歌剧《白蛇传》，由凌明声绘制海报及唱片封面。他以国画水墨笔法勾画在绵纸上，营造出古意，并将人物造型作适当夸张、趣味化，脸部强调平剧化妆最特殊的腮红，发型服装则大而化之，种种笔触亦可窥见他早年师从溥心畬的写意功底。

书画大师溥心畬（前二排中坐者）与门下弟子合照，前排左一蹲者为凌明声，约摄于 20 世纪 50 年代。（李绍荣提供）

多的时间和他接近……”[1]念及早年这段奇妙的师生缘，凌明声最大的获益，并非在于绘画方面的技艺，而是溥师对学问、对生命的独到看法。

就读师大附中期间，美术老师在课堂上提及“图案画”（Graphics）概念，让他初步开启了对于所谓“设计”（Design）的想象。从初中到高中的六年里，凌明声可说是是如饥似渴、义无反顾地参加了校内所有文艺性质的课外活动,举凡办墙报、画插图、参加书法、图画比赛等都由他一手包办。而这些工作看似琐碎，却总是让他乐在其中，也种下他往后投身于文艺工作生涯的远因。

高中毕业、报考大学时，凌明声一度想考建筑系，因为当时岛内尚无专为“设计”开办的科系，故退而求其次，心想“若能当一名建筑师”，一样可以在平面蓝图上驰骋他的“设计欲”[2]。然而，凌明声的父亲却希望他选择比较实用的商学科系，以为未来谋求一条踏实之路。几经考虑，他选择了商学院，进入中兴大学工商管理系就读。

设计观念的启蒙

大学时代，凌明声曾经参加校内摄影社与美术社，当时他在课堂上选修了一门“广告学”，让他开始意识到“设计”在整个社会经济活动以及现代生活层面所扮演的角色——包括日

---

① 黄湘娟访谈凌明声,《恶补的联想——现代人与多元化生活》, 1986,《雄狮美术》第 188 期，第 81—86 页。

② 凌明声，1989，《装甲兵的骄傲——凌明声的年少岁月》，《少年十五二十时》，台北：正中书局。

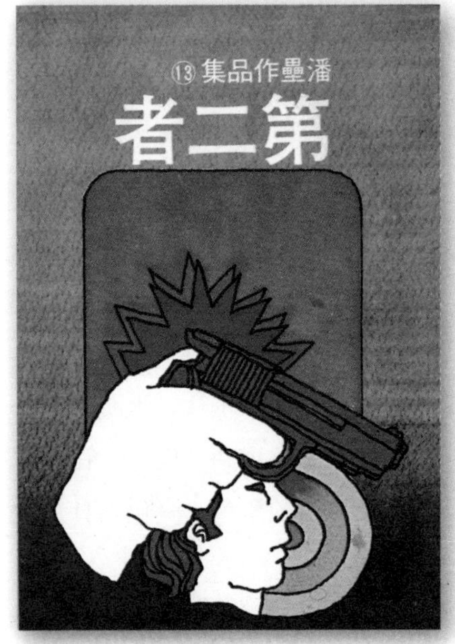

“潘垒作品集”（共18册），1977—1979，联经出版，封面设计：凌明声

常习见的各种家具、服装、商品包装与广告设计等，有了更深一层的认识，自此暗下决心，要朝广告设计之路迈进。

1962 年，“中国美术设计协会”[①] 正式成立。那年凌明声 26 岁，才刚从学校毕业不久、正积极找寻机会进入广告公司工作的他，无意间在台北西门町艺林画廊参观了省立师范学院艺术系（今台湾师范大学美术系）毕业学生联合筹办的“黑白展”[②]，展出内容包括海报、月历、唱片封套与书籍封面等，各类作品琳琅满目、形色缤纷，令他眼界大开，深受感动，兴起“有为者亦若是”的雄心壮志。

为此，凌明声忍不住跑到“美国新闻处”，向“黑白展”参展者之一高山岚请教自修设计理论的方法。当时岛内设计相关的书籍仍相当缺乏，高山岚指点他到中山北路与西门市场附近买了不少外文杂志。凌明声用心揣摩，认真研究版面设计与商业美术等相关知识。

有趣的是，除了美术设计与绘画领域之外，凌明声学生时代还有另一样痴迷的嗜好：西洋热门音乐（当时 Rock and Roll

---

① 当时由企业家王超光出面号召，结合了一群热爱设计的青年艺术家，如王超光、杨英风、萧松根、简锡圭、郭万春、江泰馨等共同发起，并借助日籍设计家田村晃、安藤孝一拟订草案，以及国华、台湾、东方三家广告公司的资金赞助，于 1962 年成立“中国美术设计协会”（后改称“中华民国美术设计协会”）。

② 所谓“黑白展”，顾名思义主要有两种意涵。其一是黑色与白色之间存在着无数灰阶“无彩色”，依色彩理论来说，所有色料相混成为黑色，所有色光相混就是白色，为表示美术设计的丰富性，故以黑与白来代表一切。其二是闽南语谐音，有“随便展”之喻。由于当时展览无前例可循，也未局限于展出形式，这群同好便以轻松且带诙谐的心态，定名为“黑白展”，亦为战后台湾首度举办的设计大展。1962 年 7 月 26 日至 29 日，由高山岚、沈铠、林一峰、张国雄、叶英晋、黄成与简锡圭七人共同策划的第一届“黑白展”在台北西门町艺林画廊首度登场，展览主题为“台湾的观光”。第二届“黑白展”则是在 1963 年 6 月 28 日至 7 月 1 日，于“海云阁画廊”（原艺林画廊）展出，主题为“鸟”。

《007 情报员的故事：金枪人》（漫画），1967，联合报社，封面设计：凌明声

《007 情报员的故事：你只能活一次》（漫画），1967，联合报社，封面设计：凌明声

回溯昔日那个穿喇叭裤，梳理着飞机头、蘑菇头，听电台播放披头四的六七十年代，凌明声绘制《长腿叔叔》小说译本的封面人物造型，明显受到 1968 年英国导演乔治·丹宁（George Dunning）执导制作、以披头四为主角，展开一连串英雄奇幻历险故事的动画作品《黄色潜水艇》（*Yellow Submarine*）影响。画面以橙蓝绿对比配色，斑斓缤纷、性格鲜明，即使四十年后的今日看来，依旧前卫且充满魅力。

《长腿叔叔》，Jean Webster 著，王文绮译，1976，皇冠出版，封面设计：凌明声并不叫“摇滚乐”，而是称作“热门音乐”）。同样也钟情于西方摇滚乐的老友郭英声表示，凌明声不仅经常参加当时在国际学舍或中山堂举办的 Rock and Roll 音乐会，对每周歌曲排行榜的变化情形，亦是了如指掌。据说有一次，凌明声和同学报名中广举办的“热门音乐猜谜晚会”，该活动先设有笔试一关，同学们皆败下阵来，最后只剩下凌明声一人得以进入播音室，和其他参赛者进行抢答游戏。凌明声回忆道：“当时现场气氛虽然紧张、令人屏息，可是只要一播放乐曲的前奏，我十之八九都可以立即猜出歌名，又快又准，叫旁人都瞪大了眼。”[①] 那次猜谜比赛，果然由凌明声夺得了冠军。

阳光下的忧郁

27 岁那年，凌明声大学毕业。同年 9 月，琼瑶在皇冠出版社发表生平第一部长篇小说《窗外》，书中以作者亲身经历为原型，讲述了一段女学生和男老师之间跌宕起伏、离经叛道的师生恋，在当时开启了无数青年男女对于爱情的想象。《窗外》即由凌明声绘制封面插图。他用现代插画的简约笔触，呈现小说女主角所具备的古典美人物形象，搭配鲜明醇厚的蓝色背景，更加衬托出一股忧郁、迷蒙而予人想象空间的浪漫气氛。

1964 年，石门水库完工。甫从大学毕业的凌明声初入广告界时到处碰壁，经过学长韩湘宁（“五月画会”成员）推荐后进入国际工商传播公司担任设计员，一年多后转入华商广告公司工作（待了 6 年），并且开始大量替出版社及报纸副刊绘

① 凌明声，1989，《装甲兵的骄傲——凌明声的年少岁月》，《少年十五二十时》，台北：正中书局。

《窗外》，琼瑶著，1963，皇冠出版
《心园》，孟瑶著，1968，皇冠出版
《皇冠》杂志第 185 期，1969，皇冠出版
《风铃组曲》，蔡文甫等著，1970，皇冠出版

封面设计：凌明声

制插图、设计封面。约莫 20 世纪 70 年代左右，凌明声的插画频繁出现在《联合报》《皇冠》等文艺报章杂志版面，激起读者广大的回响，尤其是青年学生，几乎为他那简明、朴拙，时而带有现代感的线条而着迷。

凌明声性格乐观、说话声若洪钟，他的作品包括封面与插图，几乎都是很阳光、直白的风格，让人看了后会觉得心情非常开朗。但是，在这表面明朗的阳光下，凌明声早期笔下许多插画人物的眼睛却都是空白、没有眼珠的，或将眼睛涂上单一颜色，一如意大利画家莫迪利亚尼（Amedeo Modigliani, 1884—1920）的作品人物，感觉很忧郁、心事重重的样子。有些即使画了双眼，人物的眼神也茫然空洞，似乎对外部世界视而不见，但却意味着内向的自我凝视。这是凌明声特有的一种创作语汇。

“画插图最大的灵感来源，就是文章的内容，”凌明声指出，插图本身再变，也只是格局笔触的变，很难单独表达它的生命力，“但在画龙点睛的烘托功效上，却比任何设计都来得好。”①

在设计与插图观念上，凌明声自云受到了美国波普艺术画家彼得·迈克斯（Peter Max, 1937—　）的影响。当年被誉为“全美国最富有的艺术家之一”“作品既前卫又能赚大钱”的彼得·迈克斯，1937 年生于德国柏林（和凌明声只相差一岁），童年在中国上海与以色列度过，深受中国的古典国画熏陶。20 世纪 50 年代初期全家移民美国，之后进入纽约普瑞特艺术学

① 凌明声，1975，《插画王国里的贵族》，《妇女世界》。

院就读深造，并广泛吸收欧洲艺术思想，不久便在封面设计、海报插画与广告设计方面获得极大成功、风靡一时，尤其对于美国 20 世纪六七十年代广告与商业设计领域影响深远，同时也出现了许多明显受他影响的仿效追随者，包括凌明声在内。

后来凌明声喜欢尝试各种不同创作媒介，包括油彩、水彩、染色、木炭、钢笔、彩铅、版画、绢印、雕塑、拼贴与摄影等，作品艺术风格多样化，画风简练而写神、人物造型鲜明突出且线条明朗，这些所谓的“凌式风格”皆与彼得·迈克斯有着密不可分的深厚渊源。

整体而论，凌明声早期的封面设计——主要包括 20 世纪 70 年代联合报系（联经出版）与皇冠杂志（皇冠出版）文学书装帧，大多属于这类插画式的手绘，简单明朗、构图清新。

“法国床边故事系列”《希望之刑》，王季文译，1974，皇冠出版，封面设计：凌明声

对此，凌明声表示："我不是在画一个插图，而是在设计一个插图。"[①] 因此他的插画封面往往着重构图上的设计趣味，简约而带有些稚拙感的造型线条就像儿童画，且布局构图经常不按牌理出牌，流露出一种天马行空却又令人感到温暖的氛围。

只要是美的事物都喜欢

观诸凌明声的插画，仿佛一丛藤蔓般，盘踞着他大部分的思想与工作时间，但他却不想永远局限在插画领域。由于他非常喜欢摄影，所以除了图画手绘，也经常会使用那个年代流行的某些摄影技巧来做封面设计。例如绘制小说家萧飒的《日光夜景》一书封面，即是透过摄影冲晒技巧里的"色调分离"制作完成。另一本作家季季的《泥人与狗》封面，亦是采用摄影照片与图案剪影的拼贴方式呈现。

《日光夜景》，萧飒著，1977，联经出版，封面设计：凌明声

1969年，时年39岁、刚刚从广告公司转职进入华视担任美术指导的凌明声，与郭承丰、叶政良等文艺界友人在台北市武昌

① 黄湘娟访谈凌明声，《恶补的联想——现代人与多元化生活》，1986，《雄狮美术》第188期，第81—86页。

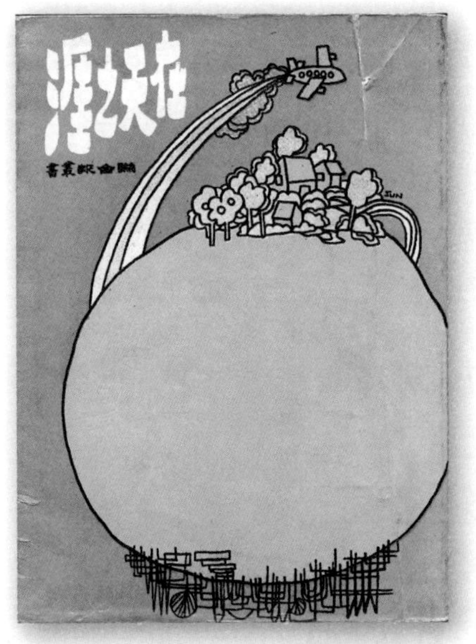

《在天之涯》，1974，联合报社编辑出版，封面绘制：凌明声

《木鱼的歌》，心岱著，1975，皇冠出版，封面绘制：凌明声

当年凌明声和妻子李绍荣相识相恋，婚后的凌明声，自两个女儿陆续出生之后，不仅帮忙照料孩子，更特别重视与家人间的休闲生活以及个别喜好。根据李绍荣回忆：由于凌明声知道女儿喜欢手帕，因此每次出差时便会特别留意，帮女儿购买，假日也会带着女儿看展。而这份关爱之情，也反映在他的插画作品，充满天真童趣的画风，就像他正娓娓诉说一句句温暖的话语般。

左上图为凌明声替“联合报丛书”绘制《在天之涯》封面，右上图为凌明声于家中画小女儿与猫。（李绍荣提供）

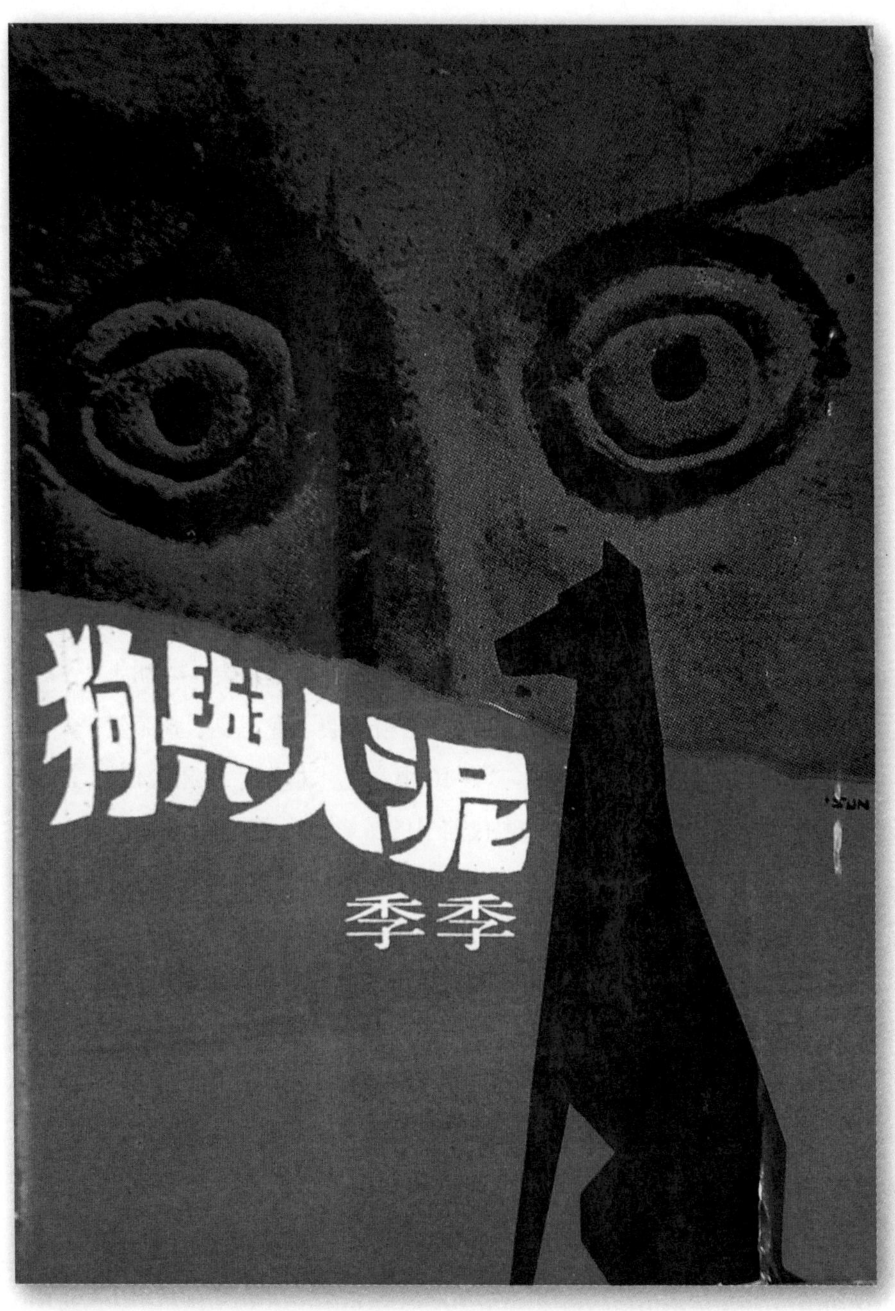

《泥人与狗》，季季著，1969，皇冠出版，封面设计：凌明声

街精工画廊举办“幻觉设计展”。展出内容包括凌明声的设计（主要为平面海报、插画作品）、叶政良的摄影、沙牧的诗、朱邦复的灯光、李信贤的音响效果、崔蓉容的舞蹈。画廊里的每一寸空间，从墙壁到天花板，甚至地面上，都布满了各种各样的美术设计、海报图片、摄影作品，加上现场的彩色灯光不时闪烁，人们游走其间宛如卡通影片，衣服颜色也产生变化。整个展览现场忽暗忽亮，并播放现代音乐，让人置身其中仿佛眼前充满幻觉。其中，绘画与图案设计部分，画面前卫大胆，色调明朗鲜艳，皆出自凌明声之手。

同年年底，凌明声还与胡永、张国雄、叶政良、谢震基、周栋国、刘华震、张照堂、谢春德，在精工画廊共同举办了“现代摄影九人展”。1971年，凌明声和其他九位摄影家——胡永、张国雄、周栋国、郭英声、谢震基、叶政良、龙思良、张照堂、庄灵，共组视觉影像团体“V-10视觉艺术群”，以超脱传统与沙龙摄影为宗旨，追求现代前卫的摄影表现形式。

1971年5月6日，由叶维廉创作诗词、许博允和李泰祥作曲、陈学同编舞、顾重光与凌明声担纲舞台布景设计的“现代音乐舞蹈艺展”于台北中山堂举行首演，演出改编自叶维廉早期诗作《放》的多媒体实验作品，是台湾前卫音乐所踏出的重要一步。之后，凌明声还与郭英声等“V-10视觉艺术群”友人一道前往迪化街老宅，拍摄陈清汾（当年赴法习艺的第一位台籍画家，1913--1987）家族故居的实验电影。1973年更担纲了云门舞集创团首次演出的海报设计。

在多年老友郭英声的眼中，凌明声始终不仅只是一位单纯的画家或设计家，而是比较接近于某种广义的、能够随时保持多样性、开放性、包容力的艺术创作者。

身体的孱弱，虽然使得凌明声的童年生活没有太多有趣生动的记忆，却也因为病痛的体验，让他深刻了解到，唯有敞开心胸结交朋友，在广阔的世界中不断地学习（早在20世纪70年代，凌明声便已独自出国，前往日本大阪参观万国博览会，旅途中记录了很多有关博览会的图片与数据），才会拥有一个丰富而自在的人生。这种谦虚面对生活的诚恳心态，使得他不刻意强求外在的际遇，也懂得充分利用眼前的时间与机会，汲取不同的经验。

热爱影像纪录片的凌明声（左）和郭英声，与“V-10视觉艺术群”友人前往画家陈清汾位在大稻埕的故居探勘取景，留下难得的合影。（郭英声提供）

世事如棋、人生无常

“Camera是我的心，我的眼，创作工具之一……我一直在努力肯定，摄影做为一门艺术创作，不但如此，我也在极力尝试，企图从摄影基本机能为起点，延伸出无限的创作意图。”[①]一度热爱拍摄八厘米影片和照相、甫过不惑之龄的凌明声如是宣称。

---

① 凌明声，1977，《心与眼的结合》，《中国时报》。

1969年凌明声设计“幻觉设计展”活动邀请函，文字刻意采用颠倒反印，让人感觉仿佛面对镜子观看。（李绍荣提供）

1969年“现代摄影九人展”合照，后排左方高处爬梯者为凌明声，右方站立者为谢春德。前排左起：张国雄、胡永、刘华震、周栋国。二排左起：谢震基、叶政良、张照堂。（李绍荣提供）

1969年凌明声设计的“现代摄影三人展”（周栋国、叶政良、郭英声）活动海报。（郭英声提供）

1969年“幻觉设计展”现场，场内有鸽子、有讣闻，也有特殊的灯光效果，甚至还可以玩球。三位作者在一起，戏称加起来不满87岁。左起：叶政良、凌明声、郭承丰。（李绍荣提供）

当年这位美术设计界的“小巨人”，不仅具有多重创作身份，涉猎兴趣广泛，更是个全力拼搏事业、勤奋务实的典型工作狂。尤其在他37岁那年和妻子李绍荣结婚成家以后，为了照顾家庭生计，平均一天工作超过16小时，除了每周固定两天上午要到铭传商专（今铭传大学）商业设计科授课之外，每天从早上九点到傍晚六点几乎都在他和友人杜文正共同创立的设计公司“莱勒斯”（Lennox）上班，专注做设计案。下班回家后，晚上十点到凌晨两点则是他兼职画插画的时间。而周六晚上及星期天休假日，他必定放下工作与家人团聚，或一起去看电影，或到郊外走走，拍些照片，用以准备每年参展的“V-10视觉艺术群”联展。

1986年，凌明声50岁，已届中年，却还像年轻人一样热血沸腾，连同岛内百余位文艺界人士共同参与了一件轰轰烈烈的“文创”事业。

当时，甫从《中国时报》“人间副刊”隐退、素有“纸上风云”美誉的资深报人高信疆再度策马入林，以写诗的笔名“高上秦”独资创立了“上秦企业公司”。由于事出突然，很多人都等着看他如何走下一步棋，也有人说他离开主导12年之久的中时副刊，等于将军失去了战场。

但已决心奋力一搏的高信疆义无反顾，勇往直前，只因他偶然在国外博物馆看到艺术家以西洋棋为发想的许多作品深具造型艺术之美，相形之下，中国象棋棋具显得简陋。为了将从宋代流传至今的象棋改头换面、更富艺术感，他毅然决然卖了一栋房子、设立公司，且不惜倾荡巨资，投资千万台币，自费广邀一百位文艺界人士——包括本土民间工艺师傅吴荣赐，雕

《归雁》，朱秀娟著，1972，皇冠出版

《想飞》，丛甦著，1977，联经出版

《荒岛奇遇记》，Enid Blyton 著，叶裕凯译，1977，长桥出版社

《长亭更短亭》，孟瑶著，1974，皇冠出版

封面设计：凌明声

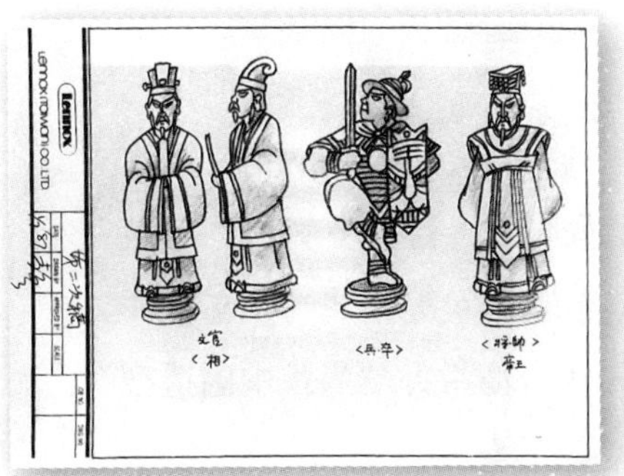

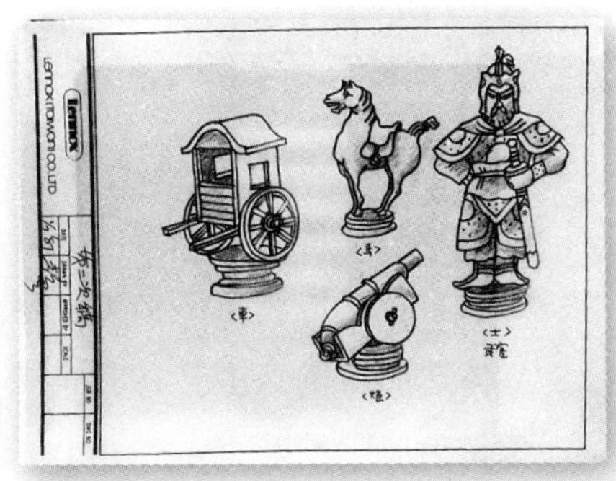

凌明声设计的“双面浮刻棋”绘图手稿。（李绍荣提供）

1987 年凌明声设计、蔡文经雕刻的“双面浮刻棋”。（李绍荣提供）

“当代中国造型象棋大展”筹办人高信疆（右）与妻子柯元馨对弈。（李绍荣提供）

刻家朱铭、曾进财，版画家廖修平，泥塑艺人张炳钧，画家陈锦芳、奚淞、孙密德，书法家董阳孜，诗人罗智成，建筑师汉宝德，漫画家洪义男、蔡志忠、郑问等，共同参与创作立体造形象棋，并于1987年率先在台湾举办“当代中国造型象棋大展”。

展览中，凌明声以亲手绘图设计、蔡文经雕刻的“双面浮刻棋”共襄盛举。

彼时声言“为中国象棋请命”的高信疆，形容自己是过河卒子，既然立下了目标，只得拼命向前。诗人痖弦看到他们的工作成绩，曾送给高信疆夫妇一句：“棋开得胜。”

可惜的是，当年高信疆为一圆“文创美梦”、广邀文艺界人士所展现的这盘“棋局”，虽雄奇而大观，一时之间蔚为热门话题，然灿烂的光景却也仅止于昙花一现。随着展览活动结束，那些数量有限的限定版造型象棋被买走后，如今已不复见，而高信疆当时标举“开创象棋新世界”，并使休闲生活朝向艺术化、精致化的精神意义也很快被这个时代遗忘。

楚河汉界，风云叱咤，争霸四方。
世事如棋，乾坤莫测，笑尽英雄。

这段参照20世纪90年代初，由徐克执导、改编自阿城与张系国同名小说的电影《棋王》台词令让我印象深刻。生命中，一个人的际遇起伏、聚散离合又何尝不是如此？

回顾过往，从早期投入的平面海报、报刊插画、实验摄影，乃至后来绘制的文学书封、书籍装帧，作为一个富含“温度感”

《退潮的海滩》，孟瑶著，1969，皇冠出版
《乔太守新记》，朱天文著，1977，皇冠出版
《耶稣的生涯》，远藤周作著，余阿勋译，1973，新理想出版
《两个十年》，孟瑶著，1972，皇冠出版

封面设计：凌明声

回首年轻时的凌明声，一如踽踽独行于海边的过客，在沙滩留下了一长串的足迹，以为岁月之印记。（李绍荣提供）

的跨界创作者，凌明声的手绘设计总是充满幽默与活力，将色彩明亮、充满童趣的波普风（Pop Art）视觉元素融入插画与设计作品里，每每流露出他对个人家庭乃至于整个世界的热爱，纯真、浪漫、触动人心，让人不禁怀念起细碎而温暖的童年时光。

无论是作品风格或为人处世，凌明声皆堪称是台湾早期设计界“暖男”、“疗愈系”创作者的最佳代表。

然而，毕生传递温暖疗愈的设计之手，终究也有面对命运无常的时候。

正所谓“人有凌云之志，非运不能腾达”。性格开朗富幽默感，喜欢所有美的事物且永远抱持热情、自称生命力顽强的凌明声，却是万万没能料想到，当他正值壮年之际，就在1989年的某一天，于办公室内突然急性脑中风发作，自此因病隐退、不良于行。之后，于 1991 年与家人移民美国。凌明声就这样远渡重洋，去到了太平洋彼岸，平静安乐地和妻女们度过了他人生旅途中的最后十年。

凌明声　年谱

四十余岁壮年的凌明声，创作与设计生涯正处于巅峰状态，家庭、事业皆有成。（霍鹏程提供）

1936　出生于浙江绍兴。

1953　17 岁，复学进入师大附中初中部就读，被同学取绰号为“装甲兵”。

1962　战后台湾第一届“黑白展”设计大展在台北西门町艺林画廊首度登场，为此深受感动的凌明声特地跑去“美国新闻处”向高山岚请教。

1963 27岁，中兴大学工商管理系毕业。9月，琼瑶发表第一部长篇小说《窗外》，凌明声绘制封面插图。

1966 参加“光启社”电视研习班，并开始在《联副》发表插画。

1969 5月，与郭承丰、叶政良等在台北市武昌街精工画廊举办“幻觉设计展”。12月，与胡永、张国雄、叶政良、谢震基、谢春德、周栋国、刘华震、张照堂举办“现代摄影九人展”。

1970 参与《联副》主编平鑫涛策划、邀请十位知名作家与十位插画家共同合作、进行接力式集体创作的“风铃组曲”开始连载。同年前往日本大阪参观万国博览会。

1971 与胡永、张国雄、龙思良、庄灵、谢震基、张照堂、周栋国、叶政良、郭英声等创始社员共十人组成视觉影像团体“V-10视觉艺术群”，并举办现代摄影“女”展。5月，与许博允、叶维廉、李泰祥、陈学同、顾重光等人共同筹划“现代音乐舞蹈艺展”（又称“七一乐展”），于台北市中山堂演出多媒体诗歌作品《放》，顾重光、凌明声担纲布景设计。

1973 负责云门舞集创团首次演出的海报设计（由郭英声摄影）。同年进入华视公司担任美术指导。

1974 与杜文正在台北市中华路共同创立“台湾莱勒斯（Lennox）股份有限公司”，正式步入室内设计行业。

1978 联经出版社陆续出版“世界文学名著欣赏大典”（包含诗歌、戏剧、散文、小说四大类）共34册，该套书由凌明声包办封面设计。

1981 与廖哲夫、胡泽民、苏宗雄、王行恭、霍荣龄、张正成、黄金德、陈伟彬、陈耀程、王明嘉、刘开等 17 位台湾设计师共同成立“台北设计家联谊会”。

1987 5 月 2 日到 10 日，李泰祥创作的音乐剧《棋王》于台北中华体育馆演出，凌明声担纲美术设计。同年参与高信疆在台举办的“当代中国造型象棋大展”，以其本人设计、蔡文经雕刻的“双面浮刻棋”参展。

1989 急性脑中风初期病发。

1991 偕家人移居美国。

1999 病逝美国旧金山，享寿 63 岁。

創造叢書5
耶穌的生涯
遠藤周作 著
余阿勳 譯
SUN
長腿叔叔
JEAN WEBSTER 著
王文綺 譯

林秦华摄影

煙雲

啼明鳥

司馬中原

衔接传统与现代的民艺美学

黄永松

《汉声》杂志的意匠装帧

岁月荏苒，凡流水行经之处自有生命，日复一日、年复一年，一点一滴汇聚成奔涌的大海。

从 20 世纪 70 年代 *ECHO*（《汉声》杂志英文版）问世以降，黄永松（1943—　）始终坚持做自己，不唯以深入扎实的田野调查和研究精神，孜孜矻矻于保存民间传统，且更进一步深耕民俗文化疆域，并开启时代风气之先、以规划图书主题的模式经营杂志，创造无出其右的“杂志书”[①]典范。

一系列严谨的专题制作，翻遍典籍、邀请专家撰稿，在困难的条件下进行田野调查，独特而强烈的图文视觉风格，经过长年累积，构成了一道道美丽的书物风景，并对 20 世纪 70 年

① 意指结合杂志（Magazine）与书籍（Book）两者的特色，成为一种新型态的出版品。形式像杂志，有刊号、按杂志类型设计、强调视觉效果、价钱便宜，但主题专一，又能像图书一样长时间摆在书店里销售，便是所谓的“杂志书”MOOK（Magazine + Book）。

当我们走到了现代的尽头，
便自然而然地回头了，
我们要挖掘、要探索
属于自己的艺术、文化的本质……

代岛内报道文学与乡土纪实摄影产生深远的影响，培育出一批批优秀的摄影、美术乃至出版界文化人才。

迄今为止，《汉声》杂志抢救了数十种濒临失传的民间手工艺，出版了一百五十多期《汉声》杂志中文版，制作了超过上百个乡土文化专题，包罗广泛。每期编排皆采不同版式大小、印刷材质与装帧样式，有的又高又厚，搭上精美函套，庄重典雅美不胜收，有的虽薄薄一本，却仿活页纸设计，让读者可自由拆装分类留存。赋予每项主题不同面貌与阅读形式，内容均

《汉声》杂志汇聚了几代人的成长记忆，耐人寻味的丰富内容，引入满室缤纷的美丽装帧，已成为许多读者心中最美丽的风景。（李志铭摄于台北汉声巷）

深入浅出、厚积薄发。

常言道：光阴易逝，波澜不惊。

“你只要好好做事，必然会有人来帮你忙。”黄永松说道。当年心怀壮志的他，曾在生命旅程中几度徘徊，追逐着成为前卫艺术家的梦。先是因缘际会参加了西门町的现代诗画展，后来进入广告公司拍商业影片，一度立志要当导演，之后加入《汉声》杂志从事田野调查与出版工作，一做就是四十多年，直到现在为止，其实都只是“心无挂碍，一心做着自己想要做的事”。

黄永松与《汉声》杂志工作团队宛如文化界的修行者，抱着逆水行舟、舍我其谁的精神，不惜走遍天南地北，只为抢救故乡龙潭圣迹亭，抑或寻访台北古城遗迹、荷兰殖民统治时代台湾史迹，并陆续投入保存福建土楼、陕北剪纸艺术、18 世纪的风筝谱、中国童玩、惠山泥人、贵州蜡染、浙江夹缬（一种在织物上印花染色的传统工艺）等各地重要文化资产，皆戮力留下完整记录，而这份历久弥新的杂志书也渐渐孕育、酿造出台湾出版史上绝无仅有、风貌多样的文化地理样本。

现代艺术前卫派的青春印记

1943 年出生于桃园龙潭，黄永松从小看着喜欢做手工活的父亲亲手制作生活所需的器物，如制茶、酿酒、做花生糖、木工营造等，几乎无所不包，且往往做工细腻、手艺精湛，父亲视之为日常的嗜好和乐趣。耳濡目染下，黄永松也开始动手做一些简单的乡土玩具以及家用器物。童年时代的乡间生活不仅养成他朴素勤劳的习性，亦培养出敏锐的观察力。

初中就读“建国”中学，参加西画社。高中考入成功中学，因该校语文老师——诗人纪弦在校内带动一股讨论现代诗的文艺风气，开启了黄永松对现代艺术的视野及思考。升大学时，出于对美术的喜爱，并且受到高三同班同学张照堂的影响，两度重考，才终于从理工科跨组考试，进入台湾艺专美术科雕塑组，得偿所愿。

回溯 20 世纪 60 年代的台湾，在威权统治下，思想荒疏、精神压抑，被称作“文化沙漠”。彼时西方思潮及文化冲击正席卷而来，许多文艺青年内心巨大的热情与苦闷亟须宣泄，并

早期《汉声》杂志（中文版）每年六期汇集成一套“函装本”，以布面装裱，呈显出典雅的气息。

积极想为自身存在的荒谬处境找寻出口，于是热切地汲取欧洲存在主义文学和荒谬剧场（The Theatre of the Absurd）的精神养分，拼命读萨特的哲学著作、加缪的小说。一有任何新的展览或艺讯出现，众人往往相互传递交流、反应热烈。

就读艺专期间（1964—1967），黄永松自云“心野得很”[①]，每每饥渴地吸收各种信息和思潮，例如早年盛行的《文星》《笔汇》《幼狮文艺》和《剧场》等文艺刊物，经常引介超现实主义、存在主义以及嬉皮运动等西方新思潮。许是受此文化氛围熏染，昔日老同学奚淞形容当时的黄永松：“头发蓬松，穿了一双长筒马靴，搭挂着一件衣服，看起来一副孤绝的样子。”[②]在此同时，黄永松还与黄华成、张照堂等志同道合的前卫艺术家、设计家、诗人跨界合作，采用露天“摆地摊”的形式，在西门町圆环喷水池旁举办了一场别开生面的“现代诗展”[③]。

展场上，黄华成选用邱刚健的诗作《洗手》，摆了一张平凡简单的椅子，座位上放置盛满水的脸盆，并自《现代文学》

---

① 奚淞，1979 年 7 月 18 日，《美丽的山河，我们爱你！与〈汉声〉杂志发行人黄永松谈报道摄影》，《中国时报》第三十五版“人间副刊”。

② 奚淞，1987，《姆妈，看这片繁花》，台北：尔雅出版社。

③ “现代诗展”于 1966 年 3 月初原在台大傅钟下举行，先是引起文艺界及校方的注意，展出一天后，旋即因有碍观瞻，被迫迁移至台大活动中心的一处废弃场地继续展出。后来再由《幼狮文艺》《现代文学》《笠》与《剧场》四家杂志社共同企划，于 3 月 29 日当天将此展览迁到当时台北最繁华的西门町圆环采露天形式举办。展出内容包括现代诗人作品，以及艺术家以这些诗作发想的图画创作，合计有 23 人共襄盛举，除了黄华成和邱刚健，另外还有艺术家龙思良、张照堂、黄永松、黄添进等，与潜石、詹冰、赵天仪、吴瀛涛、痖弦、张默、周梦蝶、杜国清、郑愁予、黄荷生、林宗源、桓夫、枫堤、敻虹、白荻等人的诗作配对展出。

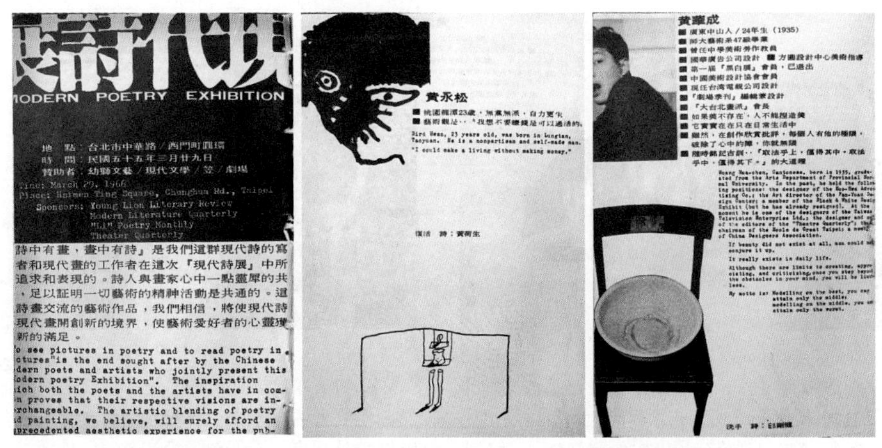

詩代現

MODERN POETRY EXHIBITION

地　點：台北市中華路／西門町圓環
時　間：民國五十五年三月廿九日
贊助者：幼獅文藝／現代文學／笠／劇場

Time: March 29, 1966
Place: Hsimen Ting Square, Chunghua Rd., Taipei
Sponsors: Young Lion Literary Review
Modern Literature Quarterly
"Li" Poetry Monthly
Theater Quarterly

詩中有畫，畫中有詩」是我們這群現代詩的寫
者和現代畫的工作者在這次「現代詩展」中所
追求和表現的。詩人與畫家心中一點靈犀的共
，足以証明一切藝術的精神活動是共通的。這
詩畫交流的藝術作品，我們相信，將使現代詩
現代畫開創新的境界，使藝術愛好者的心靈獲
新的滿足。

o see pictures in poetry and to read poetry in
ctures"is the end sought after by the Chinese
dern poets and artists who jointly present this
odern poetry Exhibition". The inspiration
ich both the poets and the artists have in com-
n proves that their respective visions are in-
rchangeable. The artistic blending of poetry
d painting, we believe, will surely afford an
precedented aesthetic experience for the pub-

黃永松

■ 桃園龍潭23歲，無黨無派，自力更生
■ 藝術觀是：「我想不要賺錢是可以過活的。

Bird Wean, 23 years old, was born in Lungtan, Taoyuan. He is a nonpartisan and self-made man.
"I could make a living without making money."

復活　詩：黃荷生

黃華成

■ 廣東中山人／24年生（1935）
■ 師大藝術系47級畢業
■ 曾任中學美術勞作教員
■ 國華廣告公司設計 ■ 方圓設計中心美術指導
■ 第一屆「黑白展」會員，已退出
■ 中國美術設計協會會員
■ 現任台灣電視公司設計
■ 「劇場季刊」編輯兼設計
■ 「大台北畫派」會長
■ 如果美不存在，人不能捏造美
■ 它實實在在只在日常生活中
■ 雖然，在創作欣賞批評，每個人有他的極限，破除了心中的障，你就無限
■ 隨時銘記古訓：「取法乎上，僅得其中，取法乎中，僅得其下。」的大道理

Huang Hua-chen, Cantonese, born in 1935, graduated from the Arts Department of Provincial Normal University. In the past, he held the following positions: the designer of the Kuo-Hwa Advertising Co.; the Art director of the Fan-Yuan Design Center; a member of the Black & White Design Exhibit (but he has already resigned). At the moment he is one of the designers of the Taiwan Television Enterprise Ltd.; the designer and one of the editors of the "Theatre Quarterly"; the chairman of the Ecole de Great Taipei; a member of China Designers Association.

If beauty did not exist at all, man could not conjure it up.

It really exists in daily life.

Although there are limits to creating, appreciating, and criticising, once you step beyond the obstacles in your mind, you will be limitless.

My motto is: Modelling on the best, you may attain only the middle; modelling on the middle, you may attain only the worst.

1966年“现代诗展”活动画页。（李志铭翻拍自《幼狮文艺》第148期，1966年4月）

杂志直接剪下诗作，贴在椅背上。一旁，则是黄永松以一座横向切割的保丽龙人像为主题，将躯体的各个部位，如头、手、腰、脚等以钩子连接，置坐在秋千板上，用线悬挂使之摆荡，以传达诗人黄荷生《复活》一诗的意境。展览文宣上写着：“我想不要赚钱是可以过活的。”表述其个人的艺术观。

遥想昔日相濡以沫、集合伙伴一同参与“现代诗展”的轻狂岁月，黄永松追忆：“其中都是最现代、最前卫的新奇花招，可惜昙花一现便匆匆收场。”[①] 除此，黄永松亦曾一度醉心于电影，经常混迹在《剧场》杂志办活动的场合，甚至拿起八厘米摄影机，和同学跑到林家花园去拍摄实验影片，还曾以作品《下午的梦》[②] 参加当时《剧场》主办的第一届实验电影发表会。随后，他又与艺专同学奚淞、姚孟嘉、汪英德、梁正居、陈骕、

① 奚淞，1979年7月18日，《美丽的山河，我们爱你！与〈汉声〉杂志发行人黄永松谈报道摄影》，《中国时报》第三十五版“人间副刊”。

② 黄永松的实验电影《下午的梦》，内容取材自板桥林家花园的残破古迹以及艺专校园外空旷野地，光影对比强烈，残破景象有一种虚无荒凉的心灵意象，仿佛那一代年轻人所处时代的写照。

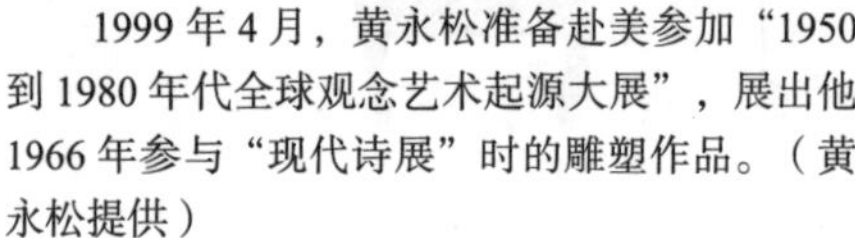

1999 年 4 月，黄永松准备赴美参加“1950 到 1980 年代全球观念艺术起源大展”，展出他 1966 年参与“现代诗展”时的雕塑作品。（黄永松提供）

1967 年首届“UP 展”在艺专校园举办。照片左立者为黄永松，右侧穿西装者为当年艺专助教吴耀忠，右下蹲者为江英德。（黄永松提供）

王淳裕、黄金钟等人共同创立前卫艺术团体“UP”，陆续在校园内与台湾艺术馆筹办了三届“UP 展”[①]。

透过这些活动的参与，黄永松很快与台湾一批率先投入现代艺术的创作者们——如秦松、李锡奇、朱为白、黄华成、邱刚健、陈映真、庄灵与刘大任等逐渐熟稔，此一跨领域的结合，不仅促成了日后 20 世纪 70 年代“V-10 视觉艺术群”[②] 的成立，黄永松当时的雕塑创作还曾与张照堂、黄华成等三人代表台湾

---

① 黄永松在他 1967 年的毕业展期间，与汪英德、奚淞、姚孟嘉等人陆续筹办了三次“UP 展”，首展两回在艺专校园，最后一次在南海路的台湾艺术馆。他们利用一辆破汽车以及学生泥塑人体习作的样本组成作品。这些泥塑人像原是学生雕塑课的作业，因体积过大无处收集而丢进校园后方的河内。随着时间，被河水、雨水冲蚀，变得支离破碎。黄永松表示：“这种支离破碎的意象，很符合我们当年的心境，带有一点徘徊、虚空，也很有寻找探索的感觉。”（引自赖瑛瑛，1996 年 4 月，《从颓废虚无到文化扎根——黄永松》，《艺术家》第 251 期。）

② 1971 年，张照堂与九位摄影家（胡永、张国雄、周栋国、郭英声、谢震基、叶政良、龙思良、凌明声、庄灵）共组“V-10 视觉艺术群”，追求不守旧而现代前卫的摄影表现形式。两年后由 V-10 举办的“现代摄影——生活展”除了原来十位成员外，又增加了黄永松、谢春德、张潭礼、吕承祚、李启华与吴文涛六人。

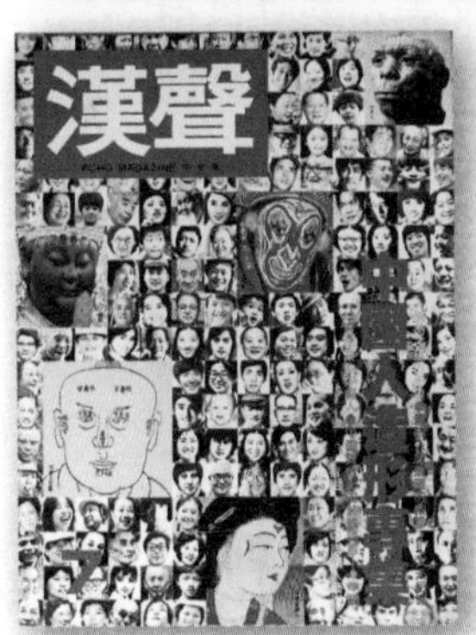

自 1978 年元月创刊的《汉声》杂志中文版问世之后，不仅顺应了当时方兴未艾的本土化运动及环保意识崛起等风潮，多年后也成为许多五六年级生共同拥有的青春记忆。

被选入“20世纪50到80年代全球观念艺术起源大展”（Global Conceptualism: Point of Origin, 1950s—1980s），于1999年在美国纽约和一百位现代艺术家的作品同时展出。

捕捉镜头下的电影感

在艺专美术雕塑组的三年岁月毋宁过得相当充实，从小喜欢手工艺的黄永松，在校期间即对电影产生浓厚兴趣。其中对他日后从事报道摄影工作影响特别深远的，是认识了在美国南加州大学修习电影的陈耀圻。当时陈耀圻为完成毕业论文，回台拍摄了一部退伍军人到花莲木瓜溪畔垦荒的纪录片《刘必稼》——此片后来由标榜前卫观点的《剧场》杂志在耕莘文教院公开播出，为文化界带来颇大的震撼。

在纪录片拍摄过程中，陈耀圻找来黄永松充当临时助手兼打杂，两人结伴到花莲木瓜溪上游，用镜头记录退伍军人在鹅卵石河床中工作、筑堤的现场实况。影片里，陈耀圻运用缓慢的节奏、平实自然的画面剪接，呈现片中主角刘必稼诚恳朴实又守贫的风格影像。由于陈耀圻受美国正规电影教育所衍生的纪实手法濡染，加上他总是严格不苟地面对每寸胶卷的专业态度，让黄永松深刻体会到，“摄影者必须亲身参与和报道的对象共同生活、起居，才能把握住真实而动人的感情。”[①]也领会了报道摄影工作本身的价值意义和趣味所在。

毕业后当兵退伍，那时台湾正面临从农业社会过渡到工商

---

① 奚凇，1979年7月18日，《美丽的山河，我们爱你！与〈汉声〉杂志发行人黄永松谈报道摄影》，《中国时报》第三十五版“人间副刊”。

1980 年《汉声》杂志以十年致力于乡土文化资产保存有成，并在形式上带动报道文学与报道摄影风潮，获《中国时报》评选为“风云十年、文化十事”之美誉。

社会的激烈转型，岛内价廉且勤奋的劳动力吸引大量外资积极涌入，旋即带动了台湾经济快速成长，民间社会对商业广告的需求亦是与日俱增。由于黄永松先前有参与“现代诗展”、《剧场》杂志实验电影发表会等跨界合作的经验，于是很顺利进入当时号称全台第一个成立 CF（Commercial Film）部门的“台湾广告公司”，参加电波组第一期导演训练。

就在黄永松踏入广告界的 1968 年，台视公司为奖励优秀的广告影片，并借此提升制作水平，开办了第一届电视广告“金塔奖”（该奖项自 1968 年起至 1971 年，共举办了四届）。首届获奖作品名唤“快乐香皂”，片中搭配了一首朗朗上口的广告歌曲：“快乐、快乐，真快乐，Happy、Happy，真 Happy……”黄永松便是负责拍摄该组影片的工作人员。之后，黄永松又陆续进入万岁电影公司、“中央”电影公司担纲剧照摄影及美术指导，这让他踏实学到有关影像制作的各种原理和技术。

当时的黄永松一心向往纯美术与摄影创作，立志要当前卫艺术家，并且期望出国读书。他认为所谓的照片作品不只局限于一个方形框架，往往还具有时间的连续性，仅利用光影和黑白对比，亦能传递出一种充满戏剧效果的“电影感”（Cinematic）。而在这段期间所培养的影像技术与摄制能力，尔后伴随着黄永松转换生涯轨道、进入《汉声》杂志从事民俗艺术的整理和出版，由于工作环境偏重乡土写实及田野调查，正好让他发挥细腻的影像观察与记录能力，将材料、工具、过程、人与事物之间的关系，仔细地拍摄、描绘下来，一如透过摄影来写文章、说故事，让读者仿佛身临其境。

走入田野、从做中学

“当我们走到了现代的尽头，便自然而然地回头了，我们要挖掘、要探索属于自己的艺术、文化的本质……”①

艺专美术科雕塑组的学习生涯，奠定了黄永松对造型艺术和人文思想的知识基础。任职两年的商业广告拍摄和电影美术指导，又引领他借由报道摄影，关注社会现实生活的铭刻与痕迹。从广告界到电影圈，无论在拍摄影片、照片或广告设计等方面，黄永松都是一把好手。

然而，1970年夏天，他却毅然舍弃这一切，双脚踩进泥土，投身访查民俗文化、发掘乡土题材的领域，就此沉迷其中，头也不回地往前走了。

当年，从小接受英文教育、甫从美国返台的吴美云，准备创办一份向西方读者介绍中国风土民情与民俗文化的刊物，正在找寻一位能长期合作的美术编辑。吴美云透过电影圈内友人的引介，看了黄永松与艺专同学合作拍摄的黑白影片《不敢跟你讲》，对其取景构图的美术能力大为赞赏，于是便辗转联系上了黄永松。两人相谈甚欢，颇为投契，便凭借着一腔热情草创开办了这份属于“自由中国”的 *ECHO*（《汉声》杂志英文版），社址就位在台北市八德路巷弄里（当年路旁即是火车铁道）一幢半旧公寓的三楼。

筹备创刊期间，黄永松与吴美云不只分析美国《生活》杂志（*Life*）、《展望》杂志（*The Outlook*）以及《花花公子》

---

① 黄永松访谈，2016年2月18日，于台北市八德路“汉声巷门市”。

（*Playboy*）等知名杂志的版面编排及设计风格，黄永松还带吴美云去看台北的庙会活动，参与了松山慈佑宫妈祖庙的年中祭典，并一起去逛旧书摊，后来更进一步寻访各地传统祭祀礼仪与习俗，详细记录家乡的衣食住行、风土文物，以及地方乡镇的名胜古迹、产业历史等。黄永松强调：“要想深切了解一件事情，只有实际的参与，真正的融入其中，只要你有兴趣、跟着内容去学，很快就会丰富自身的知识背景。”①

之后，随着艺专学弟姚孟嘉、奚淞的陆续加入，编辑部扩充为四个人（加上原先的吴美云和黄永松，即成了日后名扬台湾出版界的“汉声四君子”）。黄永松和《汉声》杂志的工作伙伴，一方面借着四处走访踏查，深入民间，另一方面也不吝请教各领域的专家学者与熟悉民间掌故的地方人士，他们往往先透过闲谈建立友谊，然后不断透过旁敲侧击与细心观察来取得所需的讯息。慢慢累积之下，倒也逐渐摸索出一套“从做中学”、选题尽量“小题大做，细处求全”的工作理念，终于塑造出一种以报道民间文化与地方风物为主的杂志形貌。

草创时期“汉声四君子”合影，左起：姚孟嘉、奚淞、黄永松、吴美云。（黄永松提供）

1971年元月，《汉声》杂志英文

① 黄永松访谈，2016年2月18日，于台北市八德路“汉声巷门市”。

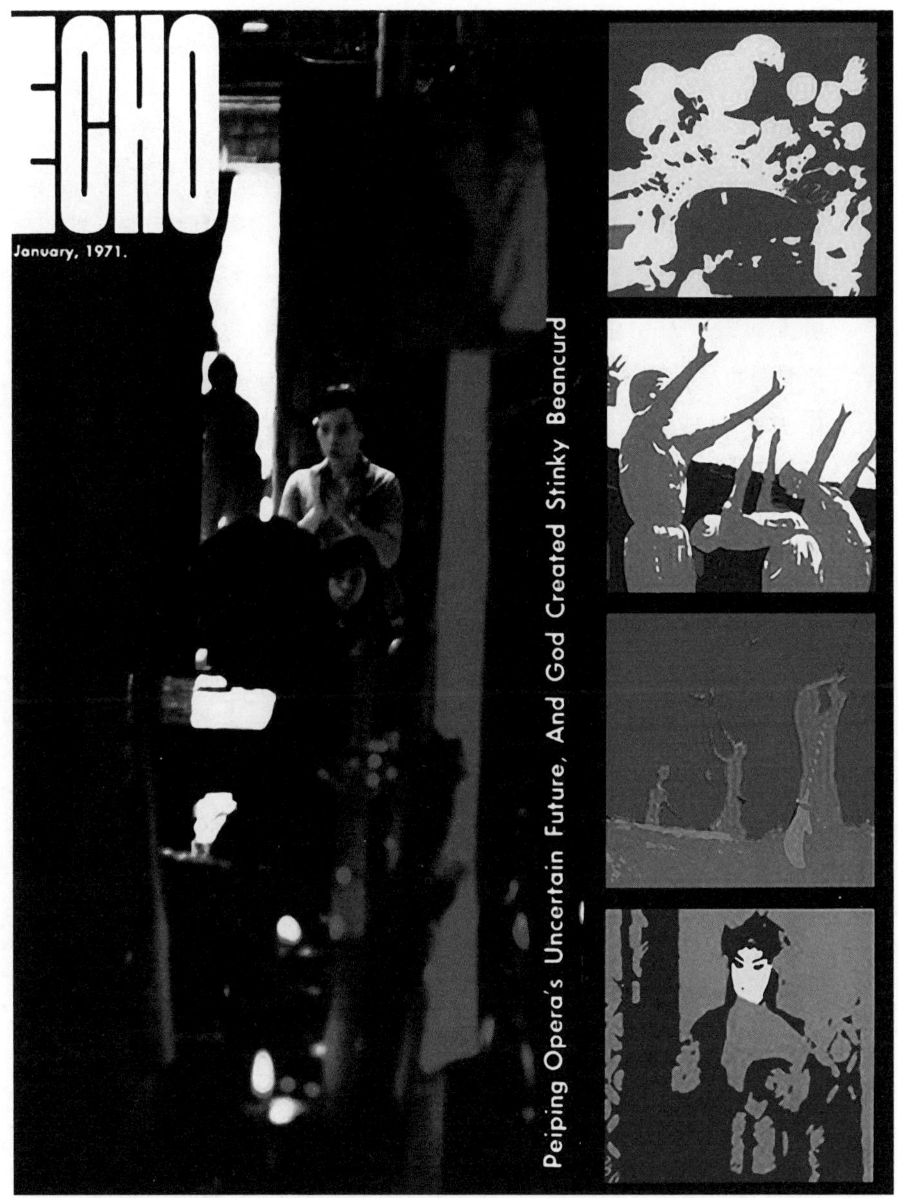

1971 年 *ECHO* 创刊号封面，黄永松以粗黑线框将整个画面做视觉分割，营造出宛如观看一卷卷底片的电影感。画面左半是一张老太太拿着香祭拜的照片，带有剪影般的写意氛围；右半边则是截取该期采访“大鹏剧校”的照片，透过在暗房里将之叠压在感光纸上再曝光的手工方式，制造出色调分离、如版画一般的高反差的视觉效果。

版*ECHO*创刊号问世。刊名*ECHO*由总编辑吴美云命名，意指将“中国人的声音”传送出去，期盼能获得广大的回音。读者对象主要是海外汉学家及华侨，固定每月出刊一期（一年当中会有两个月特别合并为一期）、发行两万多份（其中一万份由中华航空公司采购，放置在每个班机座位前）。直到1976年9月*ECHO*推出“中国摄影专集”作为终刊号，短短六年间共出刊61期。该刊物销售量最多时，曾一度营销全球三十几个国家，瑞典著名汉学家高本汉（Bernhard Karlgren,1889—1978）所在的哥德堡大学（Göteborgs universitet）甚至还把*ECHO*作为展品展览了两年。

有趣的是，尽管早期*ECHO*大多以乡土文化和民艺风俗为纪实报道主题，但相对之下，封面设计及内页版式编排却常带有一种现代艺术的前卫感（Avant-garde）。例如用粗黑线框将整个杂志封面做视觉切割，构成某种栅格系统（Grid System）的样式，再透过图像画面的交错凝视（通常封面左半部会有一个主画面，右半部则分割为四个次画面），使得这些栅格乍看之下犹如一卷卷冲印显影的传统菲林（Film）底片，又像是一个个铺陈排列的方格镜框或画框（这般以底片造型作为图框与文框装饰的做法，后来在改版的中文版《汉声》杂志里也经常使用）。

对此，黄永松表示：“我就是用一种电影感去表现，当时我刚刚从电影圈转行过来，由于我很早就接触这些东西，就发现那些电影画面里蕴藏了某种层次感，其中不只是空间的层次，

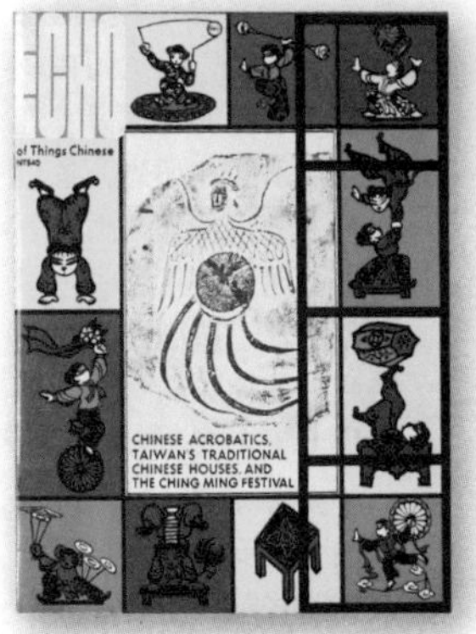

1971 年 1 月至 1976 年 9 月间，总共出刊 61 期的 *ECHO*，奠定了日后汉声田野调查的工作模式。

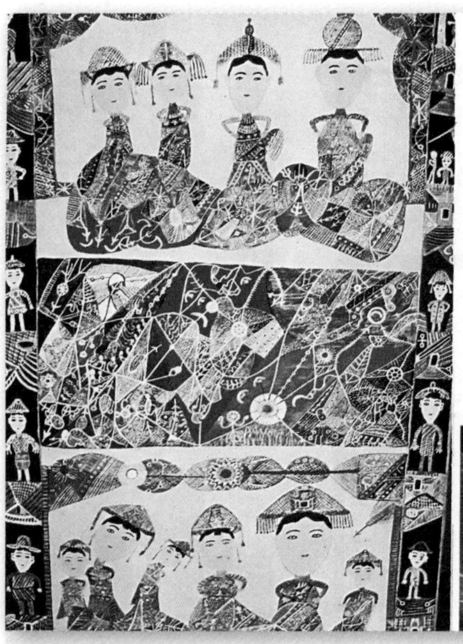

misunderstand the question, I rephrased it: "Have you ever lived anywhere else?"

"No, I've always lived right here. I live right over there," he said, pointing to the right of the temple.

I realized that I still had doubts about his three-year success story. Our society is such that it takes years of training and formation before acceptable results can be expected from any person or any one project. Just as when a complete mechanical process must be competed before raw materials can be transformed into finished products, so when a society desires doctors, lawyers, engineers, pilots, or even artists, it sends its young through its teaching factories and testing institutions. As society gets more and more complicated, there are fewer exceptions to this rule; Hung Tung's case is an exception among exceptions. Living in the second half of the twentieth century, being illiterate, without formal education, and having begun to point

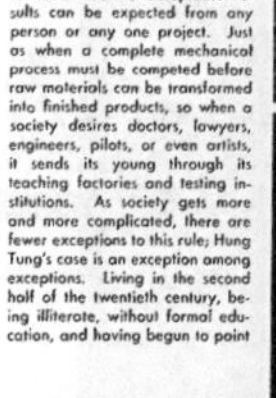

The artist Hung Tung squatting in the middle of the street staring at his paintings. On the right, his home where all his paintings and sketches are created.

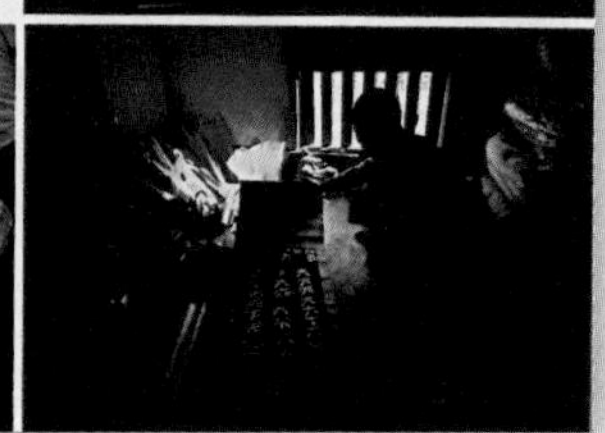

THE MAD ARTIST

by Huang Chun-ming

"Great wits are sure to madness near allied," so said Dryden. Witness Van Gogh, Toulouse Lautrec, Jackson Pollock, and Nietzche. In the southern part of Taiwan there lives a 53-year-old farmer, a fascinating figure who paints, and paints indisputably well at that, but who is also mad.

Nankunshen, a small village in the northwestern corner of Tainan county, is famous for its salt fields which stretch inland from the sea. The people here use the tides and wind driven water wheels to raise the sea water into the fields where the year round heat of the sun evaporates it leaving only the snow white edible salt. This is then piled high along the sides of the paths which crisscross the fields.

Dawn, the sun is peering over the horizon casting golden rays onto the salt fields. At five the roads are empty except for a lone taxi cruising down the road toward Nankunshen's Temple of Five Kings. In the distance a young girl is working the wheels churning sea water into the fields. Soon thousands of pilgrims will be coming by foot, by bus, by train to the temple, for today is the birthday of the Five Kings (Wang Yeh).

By six, people were beginning to fill the temple courtyard. Food stands, retail stores were being set up to garner quick profits in the carnival atmosphere later in the day. Amidst all this activity so early in the morning, we saw Hung Tung's paintings hanging from a rope strung up between two trees.

The paper scrolls were the same as those ordinarily used for traditional Chinese paintings and calligraphy, but the artistry on the scrolls was neither that of traditional paintings nor calligraphy. The colors, the designs, the way he had packed everything in, his control of space were extraordinary. One couldn't take one's eyes off of the many miniature paintings on each one of the scrolls. With the now brilliant sun providing a back light, the effect produced was most powerful. They reminded me of shadow plays of the Tang Dynasty. Small figures seemed to be winking at me, beckoning me to come closer; the flowers and shrubs even seemed to exude a sweet fragrance. Huang Yung-sung, ECHO's art director and photographer who had come with me, began photographing the scrolls.

Just then, a medium height man in his fifties walked up to Huang and said, "Go ahead and take your pictures, fella. If they're any good, send them back to me and I'll reward you handsomely." Then he turned away, laughing silently as if he had said something extremely funny. Standing between us, his eyes shifted from one to the other. Hearing his speech and taking a second look at his strange and slightly arrogant expression, I found myself wondering whether the man was sane. There he stood, on a blistering day, wearing the wool liner of a U.S. Army steel helmet on his head. His long-sleeved white shirt was a bit too big for him. In addition, he wore a pair of old khaki pants and a pair of ancient Japanese shoes that must have once belonged to an upper class gentleman. This jarring image plus the strange light in his eyes served to convince us that the man was indeed insane.

What is one to do when confronted by a madman? All I dared do at that moment was to go along with whatever he said. Trying to soothe him, I said, "Yes! These paintings are just marvelous. It's impossible to do justice to them with a camera."

I was surprised by the effect my words had on the man. Suddenly his arrogant expression vanished as he disclaimed, "No, No, I'm an uneducated, illiterate person, a country bumpkin. I really can't paint. I just do it for fun. Heh, heh, heh." The laughter was an attempt to conceal his embarrassment.

Although I had only spoken a few words with this stranger,

ECHO 21

最早发现洪通，是在*ECHO*时。1972年5月，黄永松与小说家黄春明前往南鲲鯓采访五王爷诞辰的庙会活动，无意间在一座庙宇后方的竹林旁发现有一老翁蹲在那边，拿起卷轴，随兴将几幅画挂了起来。两人一见这些色彩形象丰富、造型充满现代感和朴拙趣味的画作，顿时惊为天人。

黄永松赶紧拿起相机拍下眼前的画面，并由黄春明将整个访谈过程撰写成一篇名曰The Mad Artist的报道文章，刊载于1972年*ECHO*七八月号合辑里。后来被《中国时报》“人间副刊”主编高信疆得知，策划大篇幅的五日连载，自此掀起了“素人画家洪通”的风潮。

同时也包含了时间的层次……”[①] 当时台湾普遍不注重杂志图片的印刷质量与排版设计，为提升 *ECHO* 的视觉质感，让整体内容图文并茂，不输国外一流杂志，黄永松委实费了一番心思。针对该杂志封面装帧及内页版式设计，黄永松融会他原有的美术根底，以及在电影界习得的美学概念，运用类似电影运镜时的连续剪接或局部特写，构成富想象力的画面组合，营造出贴近影像叙事的节奏感与秩序美，简洁、清晰地呈现当期杂志的叙事内容，期使读者从封面到内文编排，逐一感受各段落不同层次的阅读效果。

用传统文化滋养现代精神

投身 *ECHO* 草创初期，平日喜爱拍照而四处采访、发掘乡土新事物的黄永松，在一次偶然的机会下，和友人来到位于台北馆前路、邻近武昌街明星咖啡馆的“怡太旅行社”，结识了当时被誉为“文艺青年导师”的俞大纲教授。早年不少有志于文化工作的年轻人,因受到俞老师倡议传统乡土文化的启发，经常在此听讲、聊天，包括戏剧界的郭小庄、云门舞集的林怀民、诗人画家楚戈、音乐家史惟亮和许常惠、小说家施叔青与李昂、电影导演李行与白景瑞等，皆为登门常客。

让黄永松印象最深刻的，是当时俞老师期许他要扮演好一个“肚腹”的角色。根据俞大纲的说法：传统就像人的头颅，现代就是人的双脚。生活在现代化文明的激流当中，所谓的传统已被远远地抛在后方，而双脚却只是一味飞快地往前跑，此

---

① 黄永松访谈，2016 年 2 月 18 日，于台北市八德路“汉声巷门市”。

即是缺少中间“肚腹”的断裂状态。为此，俞大纲不仅帮忙替*ECHO*撰写文章，也和编辑团队一起下乡采访。他特别鼓励黄永松和汉声伙伴们要做“肚腹”之事，冀盼能将头脚分离的身体联结起来，且借由报道民俗活动，找出文化根源，期使现代人能够重新找回传统文化的价值。

昔日的期勉话语，黄永松多年来始终挂念在心，并一路坚持到现在。

1978 年元月，就在结束*ECHO*并经过了一年多的筹备后，由汉声编辑团队全新推出、从原先的月刊制改为双月刊的《汉声》杂志中文版创刊号“中国摄影专集”正式宣告问世。综观前面几期的封面设计与内容编排，似乎仍不脱*ECHO*的景框设计影响，但自第七期“中国人造型专集”（1980 年 1 月号）起，开始有了明显变化。包括整个封面版式以及内页设计大胆

1976 年 9 月*ECHO*的终刊号，与 1978 年元月诞生的《汉声》杂志中文版创刊号，均以“中国摄影专集”为主题，具有相互衔接的意涵。

使用鲜艳的渐层色做版面套色，效果抢眼，并从原双月刊改为一年发行四期的季刊。

20世纪80年代初，正值台湾社会风起云涌、物质经济狂飙，岛内各方改革声浪卷起，然威权势力犹存，可谓进入了民间社会力量最生猛的时代。自许以守望文化传统为己任的《汉声》杂志也无法置身于环境潮流之外，杂志的企划选题往往愈益紧密扣合着当下社会发展脉络，诸如顺应当时经济大幅成长，人民所得与闲暇时间增多，遂在第五、六期推出“旅游专集”以拓展岛内观光市场，也借此打开一扇认识本土自然环境、推广环保概念的窗口。

大约同一时期，适逢“文建会”草拟制定“文化资产保存法”正式公布实施前夕，《汉声》杂志亦早已为各地硕果仅存、残墙断垣的传统老旧建筑多次请命，不仅接连策划了第8期《我

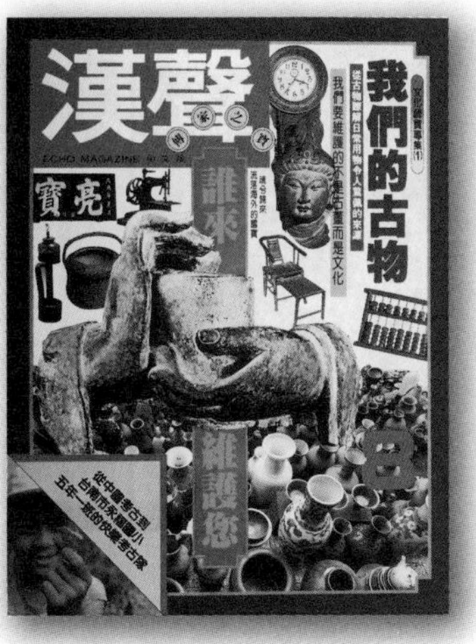

《汉声》杂志的企划选题，每每扣紧当下的社会动态与文化议题，时代感鲜烈。

们的古物》（1980年10月）、第9期《我们的古迹》（1981年10月）以及第10、11期《古迹之旅》（上、下两集，1981年5月、8月）等一系列共四册的“文化国宝专集”，且陆续展开全台古迹大调查，后来更破天荒举办“寻找台北古城”全民踏查活动（1981年6月21日），试图唤起社会大众关怀乡土的热情与理想，继而带动对古迹保存的重视。

最令人胆战心惊的，乃是1986年出版的第17、18期《免于吃的恐惧专集》。对照于近年台湾社会接二连三爆发顶新黑心油、塑化剂等严重食品安全事件，《汉声》杂志早在三十年前即已着手探讨市售食品滥用违法添加物以及农药残留等一系列食品安全问题，竟仿佛预见先知般，揭示人类在历史发展中不断循环重演的愚昧荒谬本质。

黄永松以《戏出年画》为例，回想当初在印制过程中如何跟印刷厂师傅博交情，讨论选纸与印刷方法，并借以阐述何谓“书卷气”。

历经八年时间，黄永松与汉声团队寻访到捏塑惠山泥人的一代宗师喻湘涟、王南仙。为了忠实记录泥人制作的完整工序，黄永松几乎全程站在老师傅身后，一张张地拍照，哪个动作快了就请老师傅重来。共花费 11 天时间，烧坏了所有随身携带的日光型蓝光灯，最后整理出三千多张如电影胶片般、巨细靡遗解说捏泥与彩绘技法的工序图，并陆续汇编出版为一套三册、采特殊函套装帧的《惠山泥人》专集。“这是向老艺人致敬，我们更希望能将这手艺留住。”黄永松说。

黄永松说：“生活中从不缺少美，而是缺少发现。”[①]

黄永松与汉声工作团队四处奔走，抢救濒危的民间艺术、风土民俗、建筑聚落等传统文化资产，他们往往一边深入民间，一边勤于摄影做记录，在日积月累的潜修下，发展成极富人间味的视觉影像风格，以及匠心独具的民艺美学。

《汉声》杂志每期印制时，文编与美编必定到现场看印，与纸厂师傅一起讨论各种不同的选纸与印刷方法，以达到最佳的效果呈现，甚至每每不眠不休跟随着印制的进度，再三进行调整、校正，直到装订成书才告罢休。

《汉声》杂志从第 26、27 期《戏出年画》开始，书籍装帧陆续尝试采用“包背装”[②]，亦将不同段落的内页版面分别印上不同的背景颜色，让书口呈现缤纷的色彩，使读者在翻览时更容易区分章节，同时也营造出一种阅读的节奏与层次，形成一道美丽的书页风景。

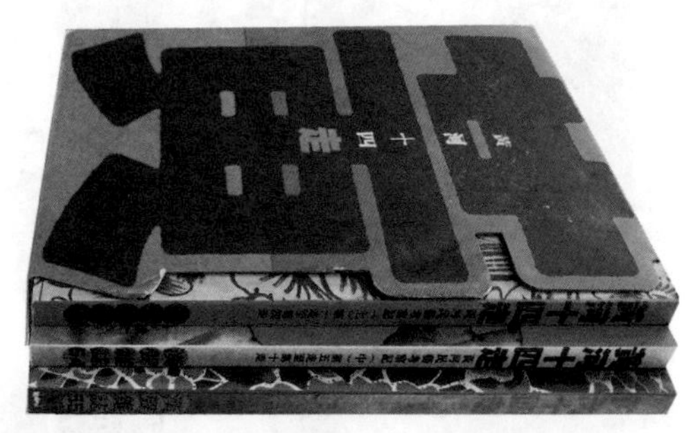

《汉声》杂志总编辑吴美云曾经对着一套《黄河十四走》感慨道：“像这样的书能够编一两本，这一辈子的编辑生涯基本上就值了。”

---

① 黄永松访谈，2016 年 2 月 18 日，于台北市八德路“汉声巷门市”。

② 包背装，又称“裹背装”“裹后背”，是中国古代书籍的一种装订形式，由宋代的蝴蝶装递变而来，盛行于元、明时代。其做法是将单面印刷的书页沿着版心中缝处对折，使版心作为书口、文字面朝外，然后将书页的两边黏在书脊上，再用纸捻装订成册，最后用整张的书衣自封面回绕书背到封底，以糊包黏起来，即成包背装。

缤纷亮丽的书口，《汉声》赋予书页各种饱和色彩。《汉声》第 81—83 期《黄土高原母亲的艺术——陕北剪纸》为了表现民俗剪纸特有的风味，黄永松选用特别薄软的土色纸，纸薄、印得慢，只好分三家印刷厂印，还派出三批人马监工。装订过程中，蝴蝶页特殊的折叠设计，促使必须全部手工作业。

除此之外，为了突显《戏出年画》的专题特色，印制出如版画般的精致质感，黄永松与印刷厂的师傅博交情、相互讨论，并且参考很多纸样、反复研究，后来找到长春纸厂的一种包装纸，能够做出接近传统宣纸和棉纸的感觉，而且价格便宜。印刷时，海德堡印刷机的工程师刚好来印刷厂安装新机器，沈氏印刷公司老董事长沈金涂也跟着在旁，岂料一开机试印，发现印在纸页上的油墨容易晕开，工程师就建议版压不要这么重，但是要用最黑的黑色油墨。“我永远记得那时候，那个黑色的代号叫作888，就是要用这种黑墨来印，然后把版压减轻，轻一点，一拉起来，就不会晕开了。”[①] 黄永松回忆道。之后经过多方试验、调整及试印，所幸最后结果让大家都很满意，也形成了现今《汉声》出版品特有的印刷质感及美学风格。

在装帧设计上，《汉声》第122期《中国民间美术》封面选用沥青纸，并加以剪裁、镂空，使书口边缘呈现锯齿状，这是过去台湾出版没有采取过的方式。内页亦大量使用冥符色纸、土纸，目录则以年轮状呈现，连内文编排也是特殊设计。

① 黄永松访谈，2016年2月18日，于台北市八德路“汉声巷门市”。

多年来坚持从常民文化寻找生活语言的《汉声》，于第 87、88 期《美哉汉字》收录了三百多幅传统民间美术字，装帧形式亦是源自传统做法，除了书籍本体采用线装书五眼缀订的方式，还外加了书盒函套，且于开函处制成流云状，谓之“云头套”。由于函套的造型需要开钢模按图做精密切割，以使纸版之间能互相密合，因此印刷工艺要求极高。

对黄永松而言，汉声与印刷厂之间的互动，比较像是上游与下游的合作伙伴，而非一般客户或老板与员工的关系。自第28期《老北京的四合院》起，汉声首创“活页杂志”的装订形式[①]，命名为《民间文化剪贴》，且为了顾及环保，该系列全本使用再生纸印制。由于再生纸吃墨量重，经过和印刷厂不厌其烦、一次又一次的试验，把网点加大，终于突破再生纸无法做彩色精美印刷的困难。

继《民间文化剪贴》系列之后，汉声开始全面进入杂志丛书化的时代，不唯每一本书的开本大小跟装帧样式都大不相同，就连印刷用纸也特别着重翻页时的触感。“这是我们很讲究的，”黄永松强调，基本上这个就叫作“书卷气”，“拿起来是软的、轻的，”而且最重要的是，“它很好翻，翻起来很舒服……，这些书籍虽然每一册都是小生命，但是它们彼此之间会有一个联系，有个脉络，它才会成为一个大生命，所以在做这些事情的时候，那些脉络就会慢慢地自己呈现出来。”[②]语毕，只见黄永松童心未泯般，欣喜地翻动着手上的书册，一页又一页，荡起了层层叠叠的涟漪，仿佛可听见美丽的蝶翼自耳旁擦过，窸窸窣窣，翩翩飞舞。

重寻设计的根源，不忘初心

关于设计，黄永松认为，一个好的设计应该是创造让人念念不忘、爱不释手的质感，做出来的作品既美观又耐用，而不

---

① 意指在每本杂志边上打下一排活页洞孔，让书页可自由取下，以帮助读者方便动手整理文章资料，并做长期的归类与存盘。

② 黄永松访谈，2016年2月18日，于台北市八德路“汉声巷门市”。

中国陕西黄土高原的淳朴民风，孕育了库淑兰的剪纸艺术。早从20世纪80年代以降，慕名探访库淑兰的人不计其数。她不打草稿，信手剪来，人物造型质朴、色彩绚丽，大有朗朗乾坤的磅礴气势。她透过一把剪刀，创造出一个仪态万方的“剪花娘子”形象。1997年汉声出版《剪花娘子库淑兰》（上下册），同时在台湾举办“库淑兰剪纸展览”。后来，其剪纸作品亦受到日本平面设计大师杉浦康平所赞赏，而与《汉声》杂志联合策划了“花珠烂漫——中国·库淑兰的剪纸宇宙展”，2013年在东京银座御木本大楼展出。

该只是一味地追求快速汰旧换新，造成了许多资源的浪费及污染，如此才是回归设计的本质，因为愈纯粹的东西往往愈是历久弥新。

“我们只要能谦卑一些，日子就会好过一点。”[①] 黄永松经常以思想家墨子为例，他提出了最早的造物理念，包含设计理论和原则，大抵可归纳为“三便”（便于生，便于身，便于利）与“三不”[②]（不为观乐而设计，不为纯粹的装饰美丽而设计，不为刺激消费而设计）。此一微言大义的要旨所在，即是告诫现今的设计者应当要有所自觉，尽可能约束各种华而不实的设计，以避免过度设计（over design）所造成的不必要的浪费。

2005 年汉声在大陆出版《山西面食》食谱书一套三册，书册一角采用特殊装订方式，方便吊挂在厨房。封面上是一个简体的“面”字，若将封面及封底摊开，就变成了繁体的“面”字。黄永松强调：“我们所有的书籍装帧设计不光是要好看，也要讲求实用，而且帮助让整本书稳定，这才叫作设计。”《山西面食》甫一推出，即荣获该年度西班牙“最佳烹饪图书”设计大奖。

① 黄永松访谈，2016 年 2 月 18 日，于台北市八德路“汉声巷门市”。

② 根据《墨子·卷一》《辞过》记载：“是故圣王作为宫室，便于生，不以为观乐也；作为衣服带履，便于身，不以为辟怪也。故节于身，诲于民，是以天下之民可得而治，财用可得而足……古之民未为知舟车时，重任不移，远道不至，故圣王作为舟车，以便民之事。其为舟车也，全固轻利，可以任重致远，其为用财少，而为利多，是以民乐而利之。”黄永松从中择其要旨，并重新诠释、汇整为：一便于生，包含一个人的衣食住行、生活生存的平等和自尊；二便于身，充分考虑能够适应人的生理条件，让身体舒适；三便于利，反对盲目刺激消费而作，要加利于民。三不，不为观乐而设计，不为纯粹的装饰美丽而设计，不为刺激消费而设计。

汉声出版第131期《蜡染》，全书页面边缘皆模拟坯布浸到染缸时，染料往上晕开的效果，且每个章节的晕染效果不一，形成了一种自然的美丽。为了模拟布匹的感觉，黄永松特地将部分页面剪裁出不规则的弧线边缘。黄永松说：“我希望它是浑然天成，然后尽量做好，就像是聆听苗族妇女很轻松地唱着一首歌的样子。”

“装帧设计不能永远停留在技术层面上，”黄永松指出，“今天我们在图书设计领域的专业分工太明显，沟通与文化深度皆不足。”[①] 他主张文字编辑应该要懂得学习如何去慢慢了解、感受一张图像（艺术作品）背后的存在意义与生命厚度，而美术编辑也要加强对文史哲等背景知识的修养，同时兼顾形式及内涵，着重于跨学科的思考方式，在边做边学的实务过程中，自然而然就会有所磨练和成长。

早从多年前开始，黄永松就常常带着汉声的工作伙伴们，于清晨上班前先写书法做早课，中午打坐学禅，偶尔选一天假

1995年农历春节前后，位于桃园县龙潭乡、台湾现存规模最大的惜字亭——龙潭圣迹亭，由于邻近道路拓宽工程的影响，圣迹亭的园林空间受到莫大威胁。黄永松与汉声团队结合一群有识之士，奔走呼吁抢救圣迹亭，办座谈会、公听会，与地方人士商谈对策，请专家学者进行测绘等，促使圣迹亭园林终于得以完整保存。

圣迹亭炉口上方刻有“过化存神”的铭文，意指将字纸送到圣迹亭中焚化。客家人深信，经过焚烧的字纸，片片文字将会升华化蝶，飞至天上向仓颉致意，令敬惜文字的精神长存于世。

---

① 黄永松访谈，2016年2月18日，于台北市八德路“汉声巷门市”。

日的上午去爬山，甚至一度提倡所谓的“每日一照”，即用摄影写日记，每天至少拍一张照片为自己的生活做记录。这种种惯习的养成，为的就是让人能够从日常生活当中感受自身母体文化的精神泉源。

然而，理想虽终究是美好的，但现实的残酷却往往让人感到不堪。

从事民俗田野工作迄今四十多年，黄永松与汉声的伙伴们已不知眼见多少古迹被拆除毁坏、野鸟栖息的湿地遭填平、浓密成荫的百年老树被砍除，而在这些悲剧事件背后，大抵都是为了工业开发、道路拓宽等，旦夕之间就将它们化为乌有，毫不吝惜。回想 1981 年抢救板桥林家花园的艰辛过程，乃至 1995 年疾呼保存桃园龙潭圣迹亭牌楼的个中甘苦，更令黄永松有感于台湾乡土教育的失败和脱节，并且深觉文化工作的弱势及无力感。

作为倡议历史文化保存运动的先驱，早在 1995 年《汉声》杂志即推出一套四册的《长住台湾：聚落保存与社区发展》专辑丛书，由专家学者选出全台各地 31 个聚落村里的生活影像，并介绍文化资产保存的理论、法规、案例和民间社团等，详尽记录台湾建筑及都市计划专业者十多年来的工作甘苦。其中第四册特别提到全世界第一个强调“反发展”观念、成功保存古城历史核心区的意大利波隆那城市。当年汉声编辑数度前往当地访查。此对今日台湾而言，仍具有高度的警世和启发性。

1967 年在艺专校园首次展开的“UP 展”。（黄永松提供）

面对现实困境，黄永松认为唯有“从根做起”，不仅要将长期的工作成果累积起来，透过“传统民间文化基因库”① 的建构，保存民间传统文化的根源；同时也将希望和力量寄存在新生代，因此陆续投入儿童书刊、少年丛书的出版工作——许多六七年级生几乎都是从小看着《汉声中国童话》《汉声小百科》长大的。从孩子们的启蒙教育做起，从周遭环境开始扎根，才能真正改变民族的体质，进一步提升整体文化底蕴。

“要能不忘初心”，黄永松表示，年轻人应该“放开去走”②，哪怕生活表面看似无序，只要有心，便有生命。

---

① 此乃源自传统目录学的概念，目的在于将庞杂繁乱的田野调查成果，依学术系统而条别部次，分门别类，既便于收藏亦便于检取，更能对当下的总体成果有较全面的了解。目前汉声“传统民间文化基因库”以五大种（民间文化、民间生活、民间信仰、民间文学、民间艺术）为总纲，其下设十类、五十六项，以及几百个（细）项目。

② 黄永松访谈，2016 年 2 月 18 日，于台北市八德路“汉声巷门市”。

黄永松　年谱

黄永松与汉声团队长期寻访传统民俗艺术，讲究纸本装帧美学，热情历久不衰。（李志铭摄影）

1943　出生于桃园县龙潭乡，祖上为广东梅县移民而来的客家人。

1966　与黄华成、张照堂等人在台北西门町圆环参加“现代诗展”。

1967　与汪英德、奚淞、姚孟嘉等人共同创立前卫艺术团体“UP”，陆续在艺专校园及台湾艺术馆筹办三届“UP展”。同年自台湾艺专（今台湾艺术大学）美术科毕业。

1968　进入台湾广告公司担任电波组第一期导演。

1970 进入“中央”电影公司担任剧照摄影及助理美术。6月，吴美云在台北创办“汉声杂志社”。8月，加入汉声工作团队，负责美术和摄影工作。

1971 1月，*ECHO*（《汉声》杂志英文版）创刊，刊名*ECHO*由总编辑吴美云命名。

1972 与作家黄春明前往台南县南鲲鯓采访烧王船，发现了素人画家洪通，并将之登载于当年*ECHO*七八月号，一时轰动台湾文化界。

1973 民俗学家郭立诚正式参与汉声工作团队，教导编辑们民俗学和目录学。

1974 与吴美云、姚孟嘉连续三年实地走完八天七夜的大甲妈祖遶境，并将过程记录制作为*ECHO*四月号专题报道，奠定日后汉声田野调查的模式。

1976 英文汉声出版股份有限公司成立，担任董事长，总编辑为吴美云。

1977 筹备《汉声》杂志中文版，担任发行人兼总策划，吴美云担任总编辑，姚孟嘉担任副总编辑兼社长。同年奚淞正式加入中文版编辑工作团队，担任副总编辑。

1978 《汉声》杂志中文版创刊号《中国摄影专集》问世，担任发行人兼艺术指导。

1981 汉声工作团队参与抢救板桥林家花园的古迹保存工作，并陆续出版《汉声》杂志第九、十、十一期《我们的古迹》与《古迹之旅》（上、下）。

1982 获颁中国文艺协会第二十三届“民俗文艺奖章”。

1983 以《中国童话》插图和美术设计获颁新加坡该年度“最

佳图书美术设计”首奖。

1984 儿童丛书《汉声小百科》问世。同年，汉声丛书《中国米食》获颁“行政院新闻局”该年度优良图书金鼎奖。

1987 开放两岸探亲,汉声的民俗田野调查也因此推展至大陆。首先进行的专题为《寻根系列》，并陆续出版《台湾的泉州人专集》（1988）、《台湾的漳州人专集》和《台湾的客家人专集》（1989）。

1988 在大陆各地开始成立汉声民间文化编辑工作站。

1991 《汉声》杂志第二十八期《老北京的四合院》出版。自该期起，《汉声》杂志以“民间文化”为题，每月一期，对大陆即将消失的传统民间文化做全面的搜集整理，冀望未来能汇聚成“中华传统民间文化基因库”，由台湾、北京两地编辑部工作站共同推动。

1995 《汉声》杂志第七十八期《抢救龙潭圣迹亭》出版，并发起保护该古迹的活动。

1997 获选为亚洲十四位设计家之一，代表参加 The Energy of Asian Design 展览，于日本、加拿大及美国巡回展出。同年，《汉声》杂志入选日本知名设计杂志 *Designers' Workshop* 评选出全世界最独特表现的一百一十四本书籍之一。

1998 日本设计学会邀请《汉声》杂志与黄永松于东京银座松屋百货公司画廊举办“台湾的意匠图书室——汉声杂志”特展。

1999 受邀于韩国艺术中心参加“当代东亚文字艺术展”，并发表专题演讲“美哉汉字——中国的文字艺术”。

2000 应韩国“国际平面设计会议”主办单位邀请，以《汉声》杂志美术编辑身份参加在汉城（今“首尔”）举行的“千禧年设计大会”，并发表专题演讲“从设计的原点出发：谈母亲的艺术”。同年，应日本 *The Book & The Computer* 杂志邀请，参加“书物变容——亚细亚的时空”亚洲图书特展，并在大日本印刷厂的银座 GGG Gallery 发表专题演讲“Book × Computer = ECHO Magazine”。

2003 汉声在北京西坝河畔公寓设立办公室，注册为“北京汉声文化信息咨询有限公司”。

2006 美国《时代》周刊制作“亚洲之最”专题报道，将《汉声》杂志评选为“Best Esoteric Publication”（行家的出版品）。

2008 与宁波慈城政府合作，创设“天工之城”创意文化产业园区。

2013 由日本设计家杉浦康平与汉声联合策划“花珠烂漫——库淑兰的剪纸宇宙”展览活动在东京银座御木本大楼举办，展出库淑兰生前剪纸原作三十余幅。

2014 在南京老门东街区开办大陆第一家汉声书店。

2016 参与台北国际书展讲座活动，以“翻开书页：遇见台北社会设计新旅程”为主题，和林盘耸、李明道展开对谈。

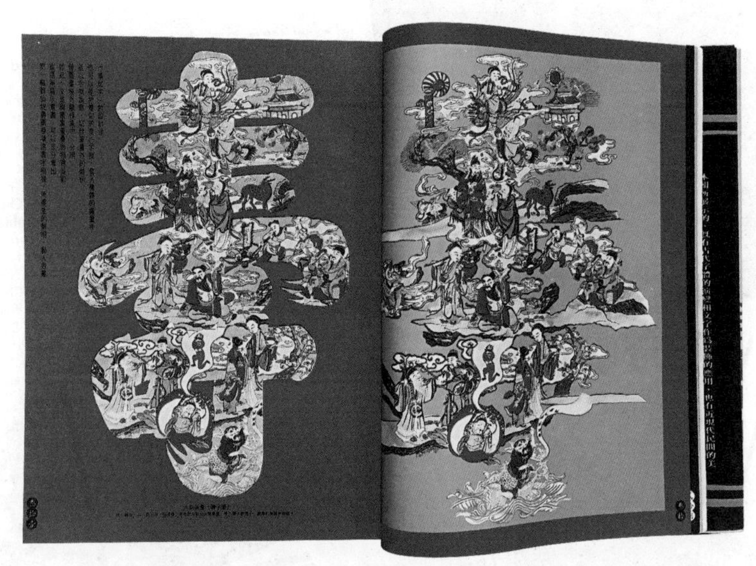

汉声《美哉汉字》专集内页。（林秦华摄影）

位居台北市八德路巷弄间的“汉声巷”，已成为传承民间工艺文化的重要地标。（林秦华摄影）

of Things Chinese
NT$20
July-August, 1972
of Things Chinese
NT$40
CHINESE ACROBATICS,
TAIWAN'S TRADITIONAL
CHINESE HOUSES, AND
THE CHING MING FESTIVAL

（林秦华摄影）

the inscriptions "weight
u" (銖), which is half a *liang*
the monetary unit of spades
Chin. The round coinage
adopted the *liang* unit
own use and perpetuated
tem in the *pan liang* (半兩),
liang, coinage of the Chin
y — the first standard round
China.
veral theories exist as to
und coins came into being.
ay that the circular form
ed with the ring handle of
coin. But if one examines
coins which were then in
n one finds that the han-
not very prominent.
rs say that the round
patterned after the *pi*
ound and flat piece of
a hole in the center.
coins had by

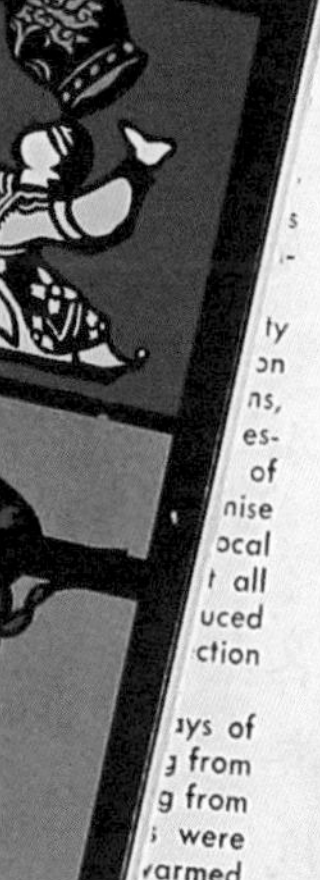

s
-
ty
on
ns,
es-
of
nise
ocal
t all
uced
ction
ays of
g from
g from
were
varmed
which
ed in re-
ns were
ces, die-
ains the
g in the
ury when
page 75

CHINESE PUPPET

by Jacques Pimpaneau

人文精神是永远的乡愁

王行恭

设计教育者的古典与叛逆

印象中，最初遇见王行恭（1947—　）老师，是在台北龙泉街的旧香居书店。家住师大附近的他，经常会一身素雅轻装，在闲暇的午后，骑着脚踏车，悠然走逛城南一带的巷弄书店淘书寻宝，自得其乐。

与生俱来的艺术家特质，王行恭全身透着一股东方传统文人特有的温和内敛及典雅气息。他自云从小身体虚弱，因而养成爱看书的习惯，经常流连于古书店和旧书摊。年少时期一度梦想成为毕加索，也颇向往建筑师职业，后来却以第一志愿考进台湾艺专美工科。毕业后进入广告公司工作闯荡数年，并且加入当时由艺专同学杨国台、霍鹏程与吴进生等人筹组的“变

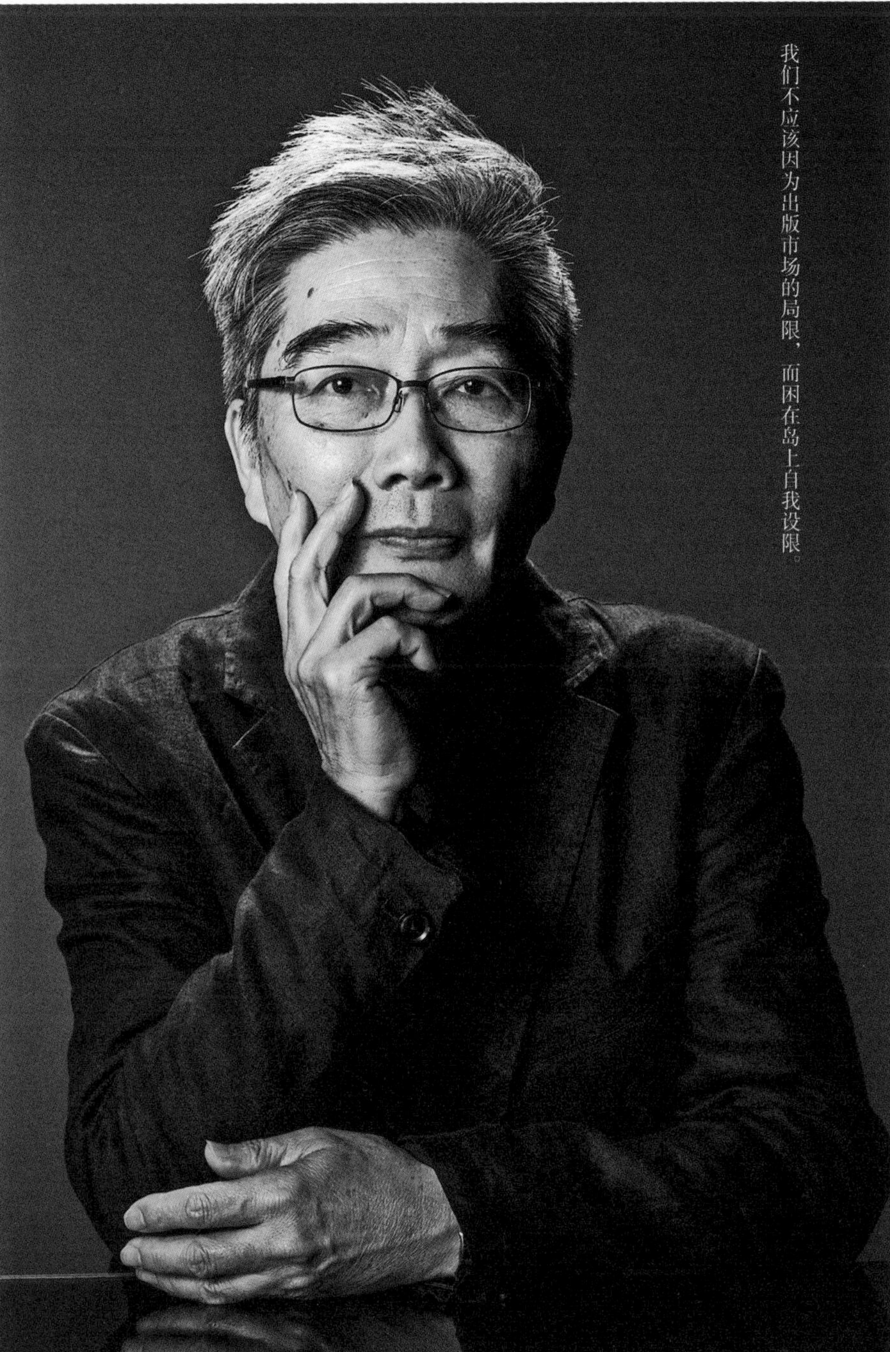
我们不应该因为出版市场的局限，而困在岛上自我设限。

形虫设计协会”[①]，随后负笈西班牙、美国进修。

回台以后，王行恭逐渐从广告界跨足出版、室内设计等领域，闲暇时偶尔受朋友委托设计书籍封面。作品包括 20 世纪 90 年代初期尔雅、九歌、光复书局等老牌出版社发行的一系列文艺丛书，例如马森的《海鸥》、欧阳子的《生命的轨迹》、张继高的《必须赢的人》、李瑞腾的《文学尖端对话》、陈义芝的《不能遗忘的远方》、林耀德的《你不了解我的哀愁是怎样一回事》等。综观王行恭的画面构成，常隐然有一股秀气兼挟古典之风汩汩流出。在那个手工绘图技艺即将消逝的年代，他将封面设计视为实验平面视觉语言的舞台。因为也曾担任《故宫文物月刊》的美术编辑（昔日同僚、艺专同学老友楚戈曾戏言：封他为“故宫行走”九品小吏），使他逐渐改变了原本在广告界乘风破浪的生活方式，从此成天埋首在故纸堆中，徜徉于古瓷等工艺美术的新天地，潜心钻研，清风明月。

长此以往，因涉猎广泛、博览群书，且陆续受到各种新观念的启发，王行恭深刻体会到一位好老师的重要，因而决意回到校园，投身于设计的传承教育工作。任教于台南艺术大学期间，他认为影像、设计与诗有着不可分割的关系，因此强调“设

① “变形虫设计协会”成立于 1971 年，为台湾最早跨领域的设计团体，由当时毕业于艺专美术工艺科装饰组的同班同学霍鹏程、陈翰平、吴进生、杨国台与谢义枪五人共同发起，并于当年 11 月 12 日至 18 日在台北市武昌街精工画廊举办首届“变形虫设计展”。之所以取名“变形虫”，是借由一种最基本的单细胞动物，却能随时随地改变、求新，不拘泥于固定形态，来传达不断寻求纯真、为社会提供各种创新观念的理想。当年“变形虫设计协会”在设计上的执着与理念，深深地影响了台湾 20 世纪 70 到 90 年代的设计环境。

何谓“哀愁”？王行恭做了一个模糊的隐喻，他利用三张图像拼凑重叠，其中一张像是火山地形的石头，加上一张斑驳的旧纸底纹，再加上一张反复影印、撕裂边缘的美女照片，试图以混杂的异质空间表现出诗的韵律感。

《你不了解我的哀愁是怎样一回事》，林耀德著，1988，光复书局，封面设计：王行恭

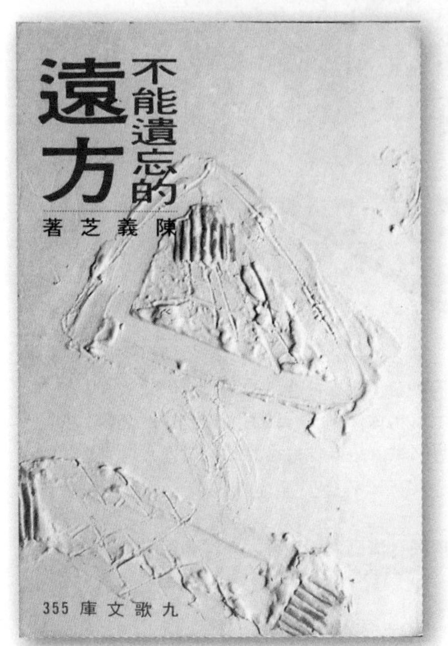

当初为了这本书，王行恭特地用版画机做了几个版子去套印，印制出这张AP版后直接拿来做设计稿。

《不能遗忘的远方》，陈义芝著，1993，九歌出版社，封面设计：王行恭

《日据时期台湾美术档案：台展府展台湾画家西洋画、东洋画图录》编纂完成之初，恰逢台湾前辈画家作品被艺术市场炒作，王行恭为了避开这股热潮，并没有立即出版，而是等热潮退烧之后再问世。后来他自己为了减少库存而销毁了一部分。

《日据时期台湾美术档案：台展府展台湾画家西洋画、东洋画图录》，王行恭编纂，1992，自印出版，装帧设计：王行恭

计师应该读诗”[①]。近年来，又因时常往来于两岸书市、积极推动台湾出版界第一个书籍设计竞赛“金蝶奖”的创立，并且热心参与国内外各种书籍装帧设计的展览评选及讲座活动，有些书界友人私下昵称他为“书市巡阅使”。

除了浸淫于古旧文物收藏、设计思考研究，喜爱读书、教书之外，对于编辑出版一事，王行恭也别有一份异常执着的痴迷与热情。

1992 年，他以早期在日文刊物常见的、以汉文“岁时”诠释在地庶民生活文化为概念，与马以工（时任“文建会”委员）共同企划制作《中国人传承的岁时》一书，还因此获颁“平面设计在中国”（深圳）展览书籍装帧金奖。两年后他又沿用此一编辑形式，接续出版了《中国人的生命礼俗》。另外，他又不惜成本、自费编纂了《日据时期台湾美术档案》一套两部的“私家本”：《台展府展台湾画家东洋画图录》与《台展府展台湾画家西洋画图录》，皆是采用大开本铜版纸印刷，布面精装（采用荷兰进口 Scholco Van Heek Textiles 书皮布），书名烫金，当初只印了限量一千册左右，如今已是各家二手书店、古旧书摊上的罕见珍本。而这一切的付出，都是为了让台湾早年美术发展留下完整的历史记录。

年少时期的反叛与浪漫

父祖辈老家在东北吉林，那里也是王行恭出生的故乡。两岁时（1949）与家人来台，定居台中，当时还曾和歌手齐

① 蓝丽娟，2005，《王行恭：设计师应该读诗》，《天下杂志》第 334 期，第 70—70 页。

豫比邻而居。父亲是北大出身的律师兼国大代表，缘于如此家庭背景，王行恭从小就富有浓厚的正义感，矢志追寻世间公理，遇到不公之事总爱打抱不平。个性叛逆的他，从初中时代便经常翻墙逃课看电影，其他大部分时间几乎都用来逛旧书摊、买二手书，并开始接触到鲁迅《阿Q正传》、老舍《骆驼祥子》、巴金《寒夜》等当年仍被国民党政府视为禁书的大陆20世纪30年代的文学作品，以及一些来自美国的画册、画报，同时也常去位于台中市双十路旁的“美国新闻处”附设图书馆里看*Time*、*Life*等报刊，早早开启了他的阅读与思考视野。

彼时因为越战的关系，大批美国大兵来台、驻扎在台中清泉岗空军基地，营区内许多原本提供给美军的书刊，每隔一段时间都会流散出来，卖给废纸回收商或旧书摊，除了*Playboy*、*Penthouse*等成人杂志，更不乏诸多经典人文刊物——如20世纪60年代宣扬反战思潮的前卫艺术杂志*Avant Garde*、摇滚乐志*Billboard*，以及政论杂志*Fact*等，令喜爱阅读的王行恭如获至宝，几乎每个礼拜都会去向这些回收商“订书”。

“那个年代最好玩的，就是说有蛮多西方的而且都是美国最前卫的东西。”王行恭追忆起这段往事，“很多杂志类的我都看，尤其是20世纪六七十年代这段期间，*Playboy*的美编，简直是全世界第一流的，那时候每期都会有一两篇文学的，还有介绍一些社会时事、科技新知与艺术评论，有很多很好的内容，加上版面编排也极好，当时正好是美国的现代主义发展到最高峰的一个阶段……另外还有像*Avant Garde*，它

高中时代因喜欢买书而结识了台中一家小书店的老板，有一天王行恭拿着当时仍被视为禁书的上海旧版《卡拉马佐夫兄弟》向老板推荐：“这本书你敢不敢印啊？你敢出的话，我就帮你设计封面。”当时一个封面设计的行情差不多是两三百块钱，王行恭就当作是赚取买书的零用钱（有时也拿书来相抵），为此设计了一系列初试啼声的文学装帧作品。

《罪与罚》，陀斯妥耶夫斯基著，1968，综合书局，封面设计：王行恭

《老人与海》，海明威著，1968，综合书局，封面设计：王行恭

《恋爱与牺牲》，莫洛亚著，1968，综合书局，封面设计：王行恭

是个反战的杂志，也是美国一个出身美国纽约库柏联盟学院（Cooper Union）的设计师 Herb Lubalin 设计的，包括它的字形，现在变成了英文字里面很重要的一个字形——就叫作 Avant Garde”[①]。

在嬉皮文化等风潮勃然焕发的时代氛围下，王行恭早在中学时期即已透过阅读这些外文杂志，熟识了著名普普艺术平面设计先锋彼得·迈克斯，以及率先结合插画风格与设计的“图钉设计工作室”[②]等前卫之作，他卧房的墙壁上更是贴满了 *Billboard* 随刊附送的一张张大幅摇滚明星海报。除此之外，王行恭甚至戏言声称：在他参加大专联考之前所打下的英文基础，其实都是当年翻看 *Playboy* 时练出来的。

除了喜读杂书、闲书，王行恭很早就培养了写作的嗜好与习惯。初中开始写些抒情小品，投稿《民声日报》，念台中二中时主编了两年的校刊《二中青年》，平日逛书店之余，甚至还帮书店老板推荐选书兼设计封面赚外快。后来却因为揭露校方在执行编务采购上的弊端而被训导处记了一大过、两小过，差一点就被退学。深感不平的他，从此几乎不去上课，勉强应付毕业后，参加大专联考的术科考试，其间虽一度发生了所谓

---

① 王行恭访谈，2014 年 10 月 17 日，于王行恭设计事务所。

② 美国 20 世纪 60 年代最具影响的设计团体之一，最初由一群艺术和设计学院的毕业生所组成，他们主要集中在纽约，彼此志同道合、经常交流设计想法，后来合伙出版了一份名为《图钉年鉴》（*The Push Pin Almanac*）的刊物，并于 1954 年正式成立“图钉设计工作室”（Push Pin Studio），成为纽约新一代平面设计的中心。

"螃蟹事件"[①]，所幸最终仍如愿进入第一志愿艺专[②]就读，那年他 20 岁（1967）。

顺利考上艺专后，初次感受学校自由空气的王行恭，不仅每周固定到师大找同学、逛书摊，且开始积极参加各种课外的社团活动。在那个物资困顿、讯息封闭的年代，凡是得到外来的一点新鲜讯息，人都像枯干的海绵一样，怎么吸都吸不饱。王行恭表示："大家都是放牛吃草，倒也个个头好壮壮。"细数当今台湾文艺界不少卓然有成的风云人物，从李泰祥、黄永松、奚淞以及后来的李安，早年都是出身艺专。"现在回想起来，当年没有资源，竟是成就了我们的最大资源。"[③]由于王行恭兴趣驳杂，举凡电影、戏剧、雕塑、美术和设计等无不涉猎，甚至还把校内各个创作领域的同侪汇聚在一起办展，称之为"一群展"，顾名思义即是"一群人的展览"，却也因此引来警总的关注。彼时正值白色恐怖戒严整肃、校内风声鹤唳之际，先是有艺专美术系助教吴耀忠因"民主台湾同盟案"与陈映真、邱延亮等人被捕（1968 年 5 月），随即又有任教于艺专影剧科的广播剧名角崔小萍以"匪谍罪"嫌遭警总逮捕，史称"崔小

---

① 根据王行恭口述回忆，当年报考大专联考术科时，正逢该术科的主考官黄君璧视察考场，不甚喜欢其人其画的王行恭一时玩心大起，故意仿齐白石画了一只螃蟹，还题字曰"看你横行到何时"，黄君璧因此气得拍桌骂人，是谓"螃蟹事件"。

② 王行恭自言原本理想中的第一志愿是东海建筑系，因当时系上师资有汉宝德，人文气息较浓厚，但他自估应是考不上，所以转而选择艺专。

③ 王行恭访谈，2014 年 10 月 17 日，于王行恭设计事务所。

萍事件”（1968年6月）[①]。所以各类公开展演活动甚至读书会等，凡是任何“聚众”之举措都有可能冒犯当权者的忌讳。

然而，对王行恭来说，校园不单是念书的场域，也是追寻自由与公理等价值的起点。“自己的生活自己选择……只要行得直、坐得正，天塌下来也不用怕。”尽管求学生涯几度面临风雨，但他总是不忘儿时母亲常留耳边的这句叮嘱。

经历手工年代的广告设计生涯

“当时我经常思考，在我的生命中除了广告以外，究竟还有没有第二个选项？最后我选择了进广告公司，理由很简单，像我们这些喜欢画画的人，当年是唯一可以靠这过生活的……”[②]

1970年，王行恭23岁，他从艺专毕业，服完一年十个月的预官役之后，先是考入台湾广告公司担任实习设计员，试用两个月后跳槽进入剑桥广告公司，担任美术设计兼负责广告摄影工作。那年代正值活字排版的末期，照相植字[③]才刚引进

---

① 早期电视媒体尚未普及的20世纪五六十年代，崔小萍堪称当年最负盛名的广播剧导演及女主角，她在中国广播公司任职期间制作了七百多部广播剧，同时也和导演李行合作多部电影，并以《悬崖》一片获亚洲影展银锣奖（最佳女配角）。1968年崔小萍因被人密告而遭警总羁押，之后以“匪谍”罪嫌判刑，一审判无期徒刑，二审判14年。1975年获减刑，后因蒋介石过世大赦，于1977年出狱。出狱后一切归零的她仍坚持站上舞台，继续她所深爱的表演艺术。1998年崔小萍重返中广制作广播剧经典剧场，2000年崔小萍获得广播金钟奖终身成就奖，同年她也洗刷了冤情，获得了赔偿。

② 王行恭访谈，2014年10月17日，于王行恭设计事务所。

③ 照相植字，又称写真植字，其基本原理是把活字模版上的文字与数字，通过光学摄影的方式，印到感光相纸上，达到印刷制版的目的，又可根据不同要求，将其改变成长体、扁体或斜体（装有变倍镜头）。照相植字的用途很广，它不仅能对各种图片加注文字和各式标记，并能用于电影广告。

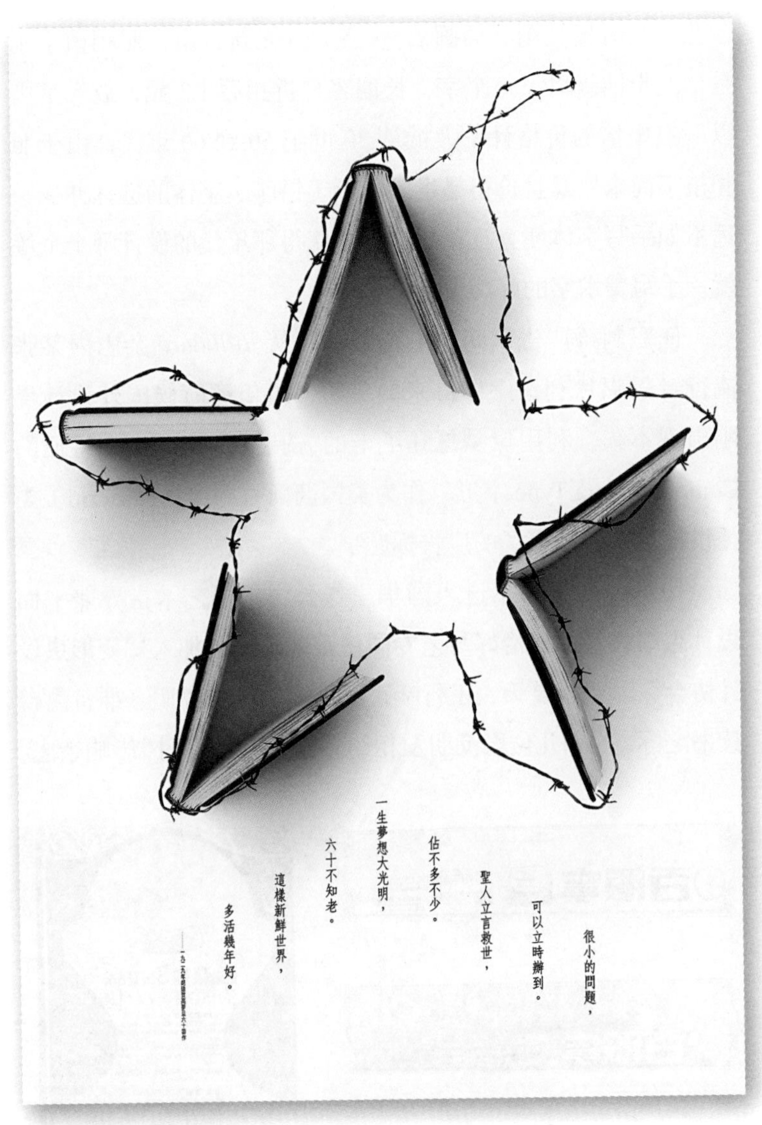

很小的問題，
可以立時辦到。
聖人立言救世，
估不多不少。
一生夢想大光明，
六十不知老。
這樣新鮮世界，
多活幾年好。

在白色恐怖的戒严时代，许多岛内青年学子只因参加读书会就被逮捕移送绿岛，自此走上了布满荆棘的苦难之途。2007 年王行恭设计“My reading image”（我的阅读经验）海报作品。（王行恭提供）

台北。当时报纸副刊插画稿费一帧 80 元新台币，照相植字则是，二十四级以下每个字，长期客户折扣后 1.2 元，放大字则以一二十倍的价格计。大抵从 20 世纪 50 到 60 年代，由于照相植字尚未普及且价格昂贵，活版（铅印）字体的选择亦少，远不如手写字体便宜且花样多，遂使得那年代的设计师个个练就一手写美术字的好功夫。

任职剑桥广告期间，王行恭曾以从 *Billboard* 杂志内某张流行音乐唱片刊头字体得来的灵感，模仿那时候国外设计界刚出现不久、利用像是打孔纸卡的方孔造型组成文字特征的 Computer Data Type 字形，作为美国药商百服宁（Bufferin）委托设计进入台湾市场的广告标题字。

1974 年，王行恭进入国华广告公司担任艺术指导兼平面设计组组长，那年恰好与艺专同侪霍荣龄一起加入“变形虫设计协会”。翌年夏天，王行恭正欲从国华广告离职、准备离台读书之际，他和几位影痴朋友相约一同为电影季刊《影响杂志》

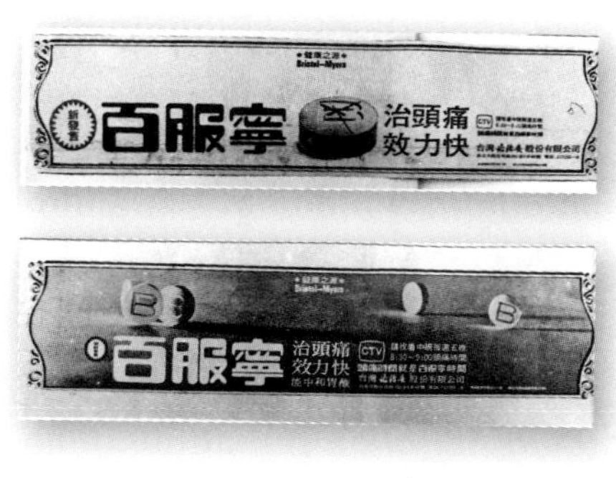

1973 年王行恭设计美国药商公司“百服宁”（Bufferin）广告作品。（王行恭提供）

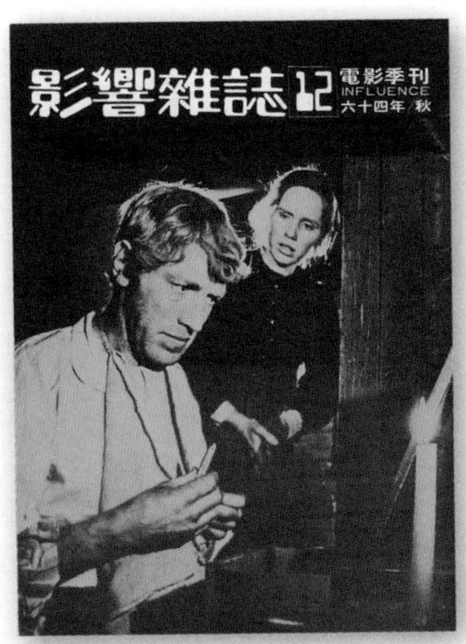

《影响杂志》第 11、12 期封面，1975，封面设计：王行恭

《影响杂志》第 12 期内页，1975，版面设计：王行恭

当义工，由王行恭负责美术编辑兼完成黑白稿的印前工作，其中有两期（1975 年 NO.11 夏季号、NO.12 秋季号）封面字体乃是他沿用先前“百服宁”广告的 Computer Data Type 字形改作而来。当时在追求时髦的新鲜感驱使下，“照猫画虎”设计出来的造字结果，虽然囿于有限的时间与经验，仍未臻成熟，倒也因此留下了难得的设计史料。

在广告界历经三年（1972—1975）的实务洗礼，自云个性上不喜受人约束的王行恭，决定放下手边工作，前往西班牙马德里国立高等艺术学院绘画系进修。

流浪到他方

由于年少时一度向往建筑师工作，同时也怀抱着有朝一日能够成为像毕加索那样艺术家的梦，王行恭选择去西班牙念书。当时让他印象比较深刻的，是选修建筑学院建筑概论的第一堂课，老师一开始便单刀直入地向学生提问：“建筑是什么？”“建筑师是什么？”从头到尾就是让学生不断反思，也让王行恭开始认真回想先前在《今日世界》杂志看过的那些欧美设计大师的作品，将它们重新放到当时的社会环境、现实脉络底下思考。而为了更清楚了解包豪斯（Bauhaus）[①] 的建筑构造细

① 包豪斯（Bauhaus），正式名称为国立包豪斯学校（Staatliches Bauhaus），此处 Bauhaus 一词主要为德文 Bau-Haus 组成（Bau 意指建筑，动词 bauen 为建造之意；Haus 为名词，意指房屋），于 1919 年由建筑师格罗佩斯（Walter Gropius, 1883—1969）在德国威玛创立，是一所艺术和建筑学校，讲授并发展设计教育。1933 年在纳粹政权的压迫下，包豪斯宣布关闭。总体来说，现今提及“包豪斯”已不单指一所学校，而是囊括其倡导的建筑流派与风格。包豪斯注重建筑造型与实用机能合而为一。此外，包豪斯对现代艺术、戏剧、工业设计、平面设计与室内设计等各领域也都具有深远影响。

节，他甚至跑去当时仍属东德管辖的驻地领事馆，请求入境参观。

课余时间，王行恭经常去看西班牙当地的老房子、古建筑，边走边看，也随手拍了些照片作记录。“我特别喜欢地中海的那些建筑师，”王行恭娓娓谈道，“他们盖的房子都是小房子，都是住家，没有一幢长得一样的，因为你的基地都不一样，还有你的使用者也不一样，所以他的房子……那个差异性简直是千变万化。”[①] 留学西班牙的经验，让他逐渐认清了建筑的本质，也得以从现实面去深刻体会达利、米罗、毕加索等艺术家的生存之道。

1967 年年底，王行恭从马德里到巴黎流浪了一个月，翌年便以观光理由直接转往美国，申请进入纽约普瑞特艺术学院设计研究所视觉传播设计系就读。这时，他曾经孜孜以求的建筑师与艺术家之梦就此结束，而转往设计美学之路，展开另一段新的旅程。之后，王行恭花了仅仅一年的时间，即念完大部分想要修读的课程，后来因为签证即将到期，且当时离家已近三年，思乡之情日盛，便决定先行回台。

古典中国的文化乡愁

“相较于我们外省人的乡愁，跟本省人的乡愁之间，我个人是认为有差异，本省人的乡愁是实实在在的某种在地乡愁，它是一种实际的东西，而外省人的乡愁却是虚空的，尤其是我们这飘移的一代……”[②]

---

① 王行恭访谈，2014 年 10 月 17 日，于王行恭设计事务所。

② 同上。

两岁那年随家人来台定居，意即所谓“外省人第二代”的王行恭，从小并非在眷村长大，而是住在独立的日本宿舍，邻居包括本省人与外省人，小学就读学区内更是以本省家庭居多，如此混居共处的生活环境，让王行恭自幼便和许多当地小孩一起嬉游、逛庙埕以及看木偶戏，并因此说得一口“轮转”的当地话。

过年过节的庆典仪式、初一十五祭拜神明及祖先的民俗活动，总是令王行恭感到相当有趣和好奇，比方拜拜时为什么一定要谢神、还愿？当庙埕里一个人都没有时，戏班子为什么还是照样开演？又如台湾为什么会有咸水粽、红粽、甜粽……这些都是大陆北方所没有的。诸如此类的种种疑问，开启了他重新认识、思考北方故乡与以宗族庙宇为核心的台湾传统社会间的文化差异。

随着年岁渐长，王行恭陆续在旧书摊发现了许多早期日本人调查中国东北、华北以及台湾本地生活的田野数据，他找到一部日人小林里平在明治三十四年（1901）出版的《台湾岁时记》，内容按一年四季的节气时令分门别类，以图文并茂的方式，详细讲述台湾各地的民俗祭典及仪式文化。他后来又经常在《银花》季刊、《主妇生活》《妇人画报》等日文杂志看到“岁时”这两个汉字，这触动了他的念头，心想：为什么我们自己不能把台湾本地的“岁时”文化整理出来、集结成册呢？

职是之故，王行恭即开始着手进行此计划，1990 年七夕那天正式出版问世，足足花了一年半的时间。过程中，王行恭每天追赶着时辰，敦请摄影师务必要趁当下那个“岁时”之际

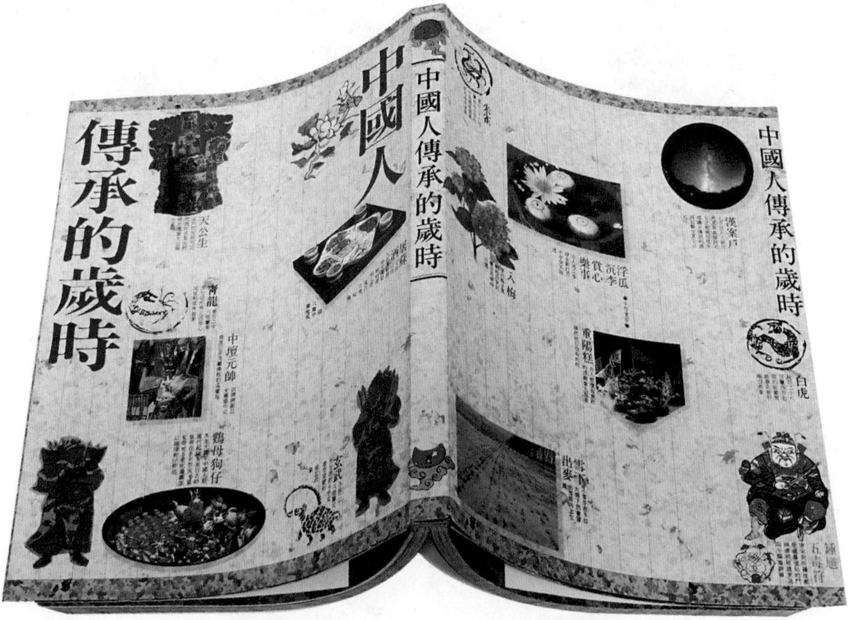

《中国人传承的岁时》，马以工主编（王行恭策划制作），1990，自费出版，设计：王行恭

《中国人的生命礼俗》，马以工主编（王行恭策划制作），1992，自费出版，设计：王行恭

拍照取景(例如谈到端午的午时水,即坚持一定要在午时拍摄),费心编排、整理图说，终于与好友马以工两人共同出资完成了《中国人传承的岁时》一书。初版首刷两千本，其中一千本限量编号精装版由“文建会”赞助印刷，并交付“文建会”当作赠礼，另外一千本平装版在市面上贩卖。

回顾当年，这本《中国人传承的岁时》，同时也是台湾第一本使用计算机组版的书。彼时中华彩色印刷公司刚刚进口全台第一部盘式计算机，工作间像实验室一样温控无尘，进门还得脱鞋。当设计工作室人员以手工完稿后，再使用四分之三英寸带（乍看就像是录像带那样）跑一趟程序组版，便能将书里内页所画出宽度 0.1mm 的框线底纹图形完全密接（这在早期手工制版的年代几乎不可能做到）。再加上全书共请来 22 位

左：1993 年王行恭设计作品入选“法国海报沙龙展”。（王行恭提供）
右：1987 年王行恭设计“文建会”“传统与创新”文艺季海报。（王行恭提供）

摄影师、6 位绘图者，以及由汉声杂志社提供专业图片，书中每一张图片都是经过正式授权的，成本所费不赀。

所幸《中国人传承的岁时》甫一推出便颇受好评，销路不恶。不久便销至第三版（大约四千本）。及至 1992 年，《中国人传承的岁时》一书更获颁“平面设计在中国”（深圳）展览书籍装帧金奖。那年王行恭又接续策划制作了《中国人的生命礼俗》，由马以工担任撰稿主编暨发行人，形式上大致沿用了《中国人传承的岁时》的编排体例，内容则偏重在台湾民间常见的、从出生到结婚等的生命历程相关礼俗。另外有趣的是，这类追寻传统习俗文化的题材，当年不仅在台湾岛内热销，也引起不少大陆读者的乡愁情怀，以至于彼岸坊间书市很快也模仿这两本书的题材和版型，竞相推出不少“山寨版”。

面临困境当下唯一的出路，便是前方无路

“我常觉得我的艺术生命里一半是传统，一半是现代。”[①]

强调好的设计师一定要从小养成随时观察身边环境习惯的王行恭，在他结束欧游浪迹并从美国返台那年，正值 31 岁（1978），起初先是在台北房屋公司任职企划部经理，偶尔也接些零星的设计案，诸如帮“文建会”设计出版品与海报文宣，或替朋友的公司设计企业 logo，或为熟识的出版界与作家友人设计书籍封面。1983 年，进入台北故宫博物院担任美术编辑，之后接连五度获颁“行政院新闻局”“杂志美术设计”金鼎奖。

---

① 王行恭访谈，2014 年 10 月 17 日，于王行恭设计事务所。

自20世纪80年代以降，台湾信息界相继出现了三项新产品，进而对本地图书出版产业产生了极其深远的影响，它们分别是：Apple（苹果）公司发表新型激光打印机、Adobe（奥多比）公司在镭射印全机上装设PostScript页描述语言，以及Aldus公司推出PageMaker排版软件。经由此三项科技产品的结合，很快便让现代化计算机排版工具占据市场主流，举凡1982年《联合报》开始采用计算机检排系统以加速报业产制流程，乃至1984年日茂彩色制版公司首度引进德国设备，率先迈入计算机分色组版作业时代，百年历史传统的铅字排版发展迄今，台湾出版业者终在短短十年间完成了一场划时代的媒介革命。

与此同时，伴随着政治上的解严与报禁解除，乃至台湾对美贸易开始出现巨额顺差、股市冲破万点，以及强调“台湾钱淹脚目”，展现民间强大的经济活力。而过去长期以来被视为艺术创作领域附庸的美术设计，很快也开始走向专业化、品牌化之路，民间许多个人设计公司或工作室相继成立，其中包括王行恭于1987年自行创立的“王行恭设计事务所”。另外，艺专美术科毕业、年方27岁的吕秀兰草创“民间美术事业有限公司”，也很快在台北设计圈内闯出名号，并由此提倡复古精神的手工书匠美学，还有画家李萧锟担任设计总监的“汉艺色研文化事业有限公司”，创设之初即宣称“出版最美丽的书”而享誉文化界。

其后随着印刷科技的进步，连带促使原先的图文排版能做更多变化,不少编辑人员也开始尝试新的编排手法与视觉组合，若干杂志刊物纷纷趁此机会进行改版或转型。

这是一本封面没有书名的书，因作者马森认为只要书背有书名就可以了。照片为王行恭留学西班牙期间，经过直布罗陀、前往北非旅行时所拍下的。

《海鸥》，马森著，1984，尔雅出版社，封面设计：王行恭

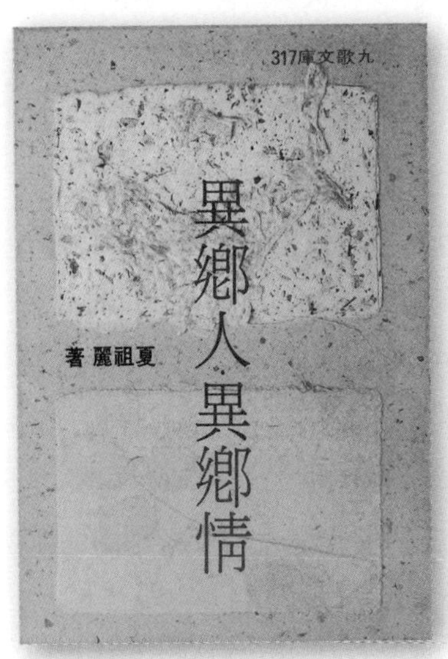

《异乡人异乡情》，夏祖丽著，1991，九歌出版社，封面设计：王行恭

《神话　梦话　情话　大都会》，张霭珠著，1991，九歌出版社，封面设计：王行恭

对王行恭而言，偏好以摄影物件和隐喻手法从事创作的他，全然是把书籍设计视为一处舞台。“当我在做这本书的时候，封面设计一定跟这本书的内容有一些关联，”王行恭强调，“我只能说我为这本书做了一点什么东西，而非只是单纯地排列字体和玩弄图片造型。”① 重点在于表达书的内容以及作者本身的意念。

2004 年，台北书展基金会首度创办以“书籍设计”为主题的竞赛奖项：金蝶奖——平面出版设计大奖。初选入围者将由国际级专家评审团进行决选，而获奖作品也将同时送往德国莱比锡角逐“世界最美的书”大奖。当时主办单位希望能邀请杉浦康平来台湾担任国际评审，于是便找来与杉浦康平熟识的王行恭担任评审总召集人。此后，“金蝶奖”每年定期举办，第十届时曾一度传出停办消息，后来在各界的抢救呼吁下，所幸最终得以续办，而几乎每年固定出任评审总召集人的王行恭，毋宁也成了名副其实的“金蝶奖之父”。

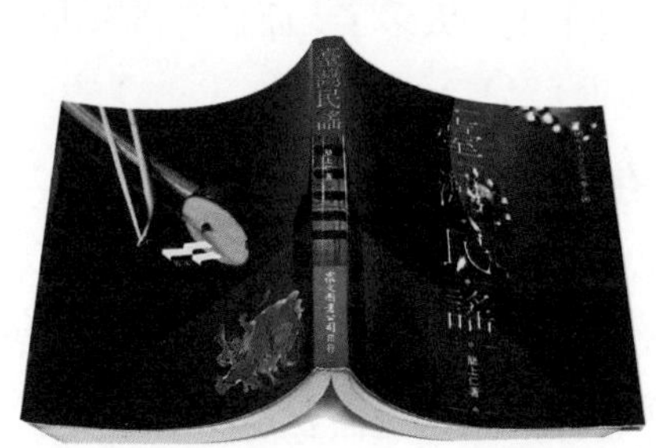

《台湾民谣》，简上仁著，1987，众文图书公司，封面设计：王行恭

《颜水龙画集》，1992，台湾历史博物馆，封面设计：王行恭

① 王行恭访谈，2014 年 10 月 17 日，于王行恭设计事务所。

对此，王行恭不禁感叹：“虽然那年有些小挫折，但峰回路转，终究没断线……我们不应该因为出版市场的局限，而困在岛上自我设限，挡了青年书籍创作者的机会。”而所谓的“封面设计”（Cover Design）毕竟不等同于“书籍设计”（Book Design），就像前菜不等同全餐一样，金蝶奖最终是要送进莱比锡的大赛场，王行恭强调，一般书籍装帧讲求的是整本书里里外外的一切，尤其到了像莱比锡这样的国际竞赛，除封面的美之外，还讲求适性，包括全书的用纸、选字、排版、印刷效果及装订等，封面只是其中的一项。

走过十多年的评选经历，看过无数台湾年轻一辈设计师的书籍作品，王行恭无形中归纳出一条结论：设计往往反映了平民生活的美学，并非在效率化要求之下，经由刻意制造而产生的。“我们其实是有很好的书，但我们比较可惜的是，我们的书籍类别太窄，大部分都集中在文学类，”王行恭直言台湾出版市场现象说道，“还有一些就是非文学类的，都是在谈吃吃喝喝的，像那一类的书，在市场上太多太多了，而且严格来讲，它就不是一本可以流传下来的书。”[①]

王行恭深信，设计本就存在生活当中，而设计力的提升，则关乎整个社会的层层面面，并非仰赖设计者个人所能解决。活在21世纪当下，面临各类数字产品、电子信息排山倒海般地入侵，教育，尤其是设计教育，无疑更需要不断鼓励实验与创新，朝着独立的前瞻思维和解决问题的方法，持续去发想、改变，如此才有存活的机会。“唯一的出路，即是前方

① 王行恭访谈，2014年10月17日，于王行恭设计事务所。

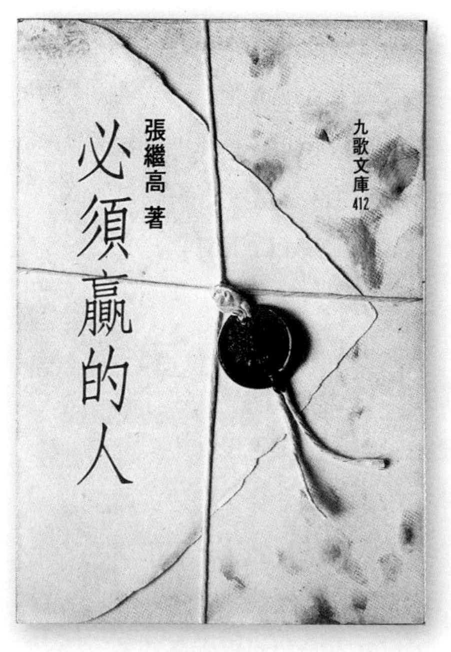

1995 年，张继高于著作出版前夕去世，为了传达他写作生涯的告一段落与总结，以及淡淡的怀旧感，王行恭特别找来日本艺术家制作的手抄纸数张，彼此层叠错落，外加一条绳结和铜板，展现手工信笺一般的亲近感。

张继高系列三书：《必须赢的人》《乐府春秋》《从精致到完美》，1995，九歌出版社，封面设计：王行恭

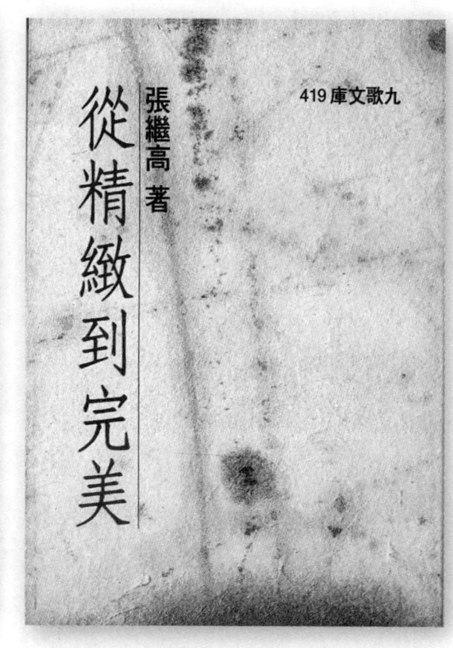

无路。”“一花一草都能成就慧业，就端看个人的大智慧。”“当年云门的创始者林怀民、金像奖导演李安等先辈不都也是这样的过来人？”王行恭在他的毕业班学生修业结束、离校之前，总是会说几句这类鼓励的话，抑或不忘针砭当前教育官僚体制的沉疴。

从20世纪70年代亲身参与、见证了战后台湾第一个跨领域设计团体“变形虫设计协会”的风华岁月，且于90年代首开风气之先、积极推展日本殖民统治时期台湾美术设计史料的保存及研究，乃至近十多年来一路扶持、维系金蝶奖的传承运作，并与岛外书籍设计界代表人物（如日本的杉浦康平、中国大陆的吕敬人等）持续往来交流，作为串接沟通桥梁、搭起海内外书籍设计交流平台的第一人，王行恭不唯始终默默坚守着对于创意、工艺与装帧美学的精神理念，亦呈现了知识分子的风骨、一份以书为媒的浪漫。

王行恭 年谱

王行恭近年尤其致力于美学教育推广工作。（王行恭提供）

1947 出生于辽宁省沈阳市。

1970 台湾艺专美术工艺科毕业。同年日本举办亚洲首次的万国博览会在大阪开幕。

1972 考入台湾广告公司担任实习设计员，两个月后离职进入剑桥广告公司担任美术设计兼摄影。

1974 进入国华广告公司担任艺术指导兼平面设计组组长。同年与霍荣龄加入“变形虫设计协会”。

1975 从国华广告公司离职，前往西班牙马德里国立高等艺术学院绘画系进修（肄业）。

1976 年底，从马德里流浪到巴黎待了一个月。

1977 申请进入美国纽约普瑞特艺术学院设计研究所视觉传播设计系就读。

1978 回台担任台北房屋公司企划部经理。

1979 获颁时报最佳广告奖与广告金牌奖。

1981 与凌明声、廖哲夫、胡泽民、苏宗雄、霍荣龄、张正成、黄金德、陈伟彬、陈耀程、王明嘉、刘开等资深设计师成立了“台北设计家联谊会”，由苏宗雄担任首届会长，假台北市春之画廊举办会员设计作品展。

1983 进入台北故宫博物院担任美术指导暨执行编辑。

1984 以《故宫文物月刊》获颁“行政院新闻局”美术设计金鼎奖。

1985 以《故宫文物月刊》获颁“行政院新闻局”美术设计金鼎奖。

1987 创立“王行恭设计事务所”。同年在东海大学美术系担任讲师，并以《大自然杂志》获颁“行政院新闻局”美术设计金鼎奖。

1988 以《大自然杂志》获颁“行政院新闻局”美术设计金鼎奖。

1992 与马以工共同企划制作《中国人传承的岁时》，并获颁“平面设计在中国”（深圳）展览书籍装帧金奖。

1993 入选法国国际沙龙展（巴黎）并进入决选。同年自费编印出版《日据时期台湾美术档案》，获颁“行政院新闻局”美术设计金鼎奖。

1994 策划“行政院文建会”《环境与艺术》丛书《中国传统市招》。

1998 作品获选北京“华人平面设计百杰”。

1999 编纂“传统艺术中心”传统艺术丛书《台湾传统版印》。

2004 担任第一届“金蝶奖——平面出版设计大奖”评审总召集人。

2005 担任第二届“金蝶奖——台湾出版设计大奖”评审总召集人。

2006 担任第三届“金蝶奖——台湾出版设计大奖”评审总召集人。

2007 担任第四届“金蝶奖——亚洲新人封面设计大奖”评审总召集人。

2008 担任第五届“金蝶奖——台湾出版设计大奖”评审总召集人。

2009 担任第六届“金蝶奖——台湾出版设计大奖”评审总召集人。

2010 担任第七届“金蝶奖——台湾出版设计大奖”评审总召集人。

2011 担任第八届“金蝶奖——台湾出版设计大奖”评审总召集人。

2012 担任第九届“金蝶奖——台湾出版设计大奖”评审总召集人。

2013 担任第十届“金蝶奖——台湾出版设计大奖”评审总召集人。

2014 担任第十一届“金蝶奖——台湾出版设计大奖”评审总召集人。

2015 参与台北文学季特展讲座“独具匠心——手工时代的文学书装帧设计”。

2016 担任第十二届“金蝶奖——台湾出版设计大奖”评审总召集人。

（林秦华摄影）

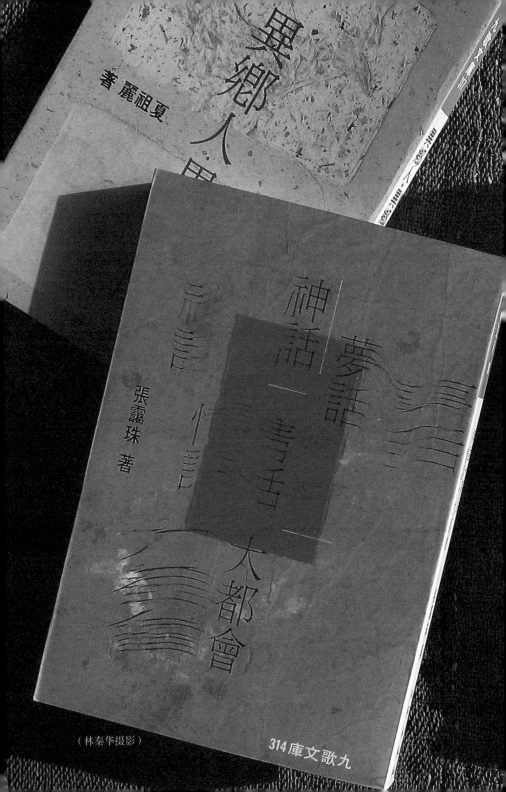

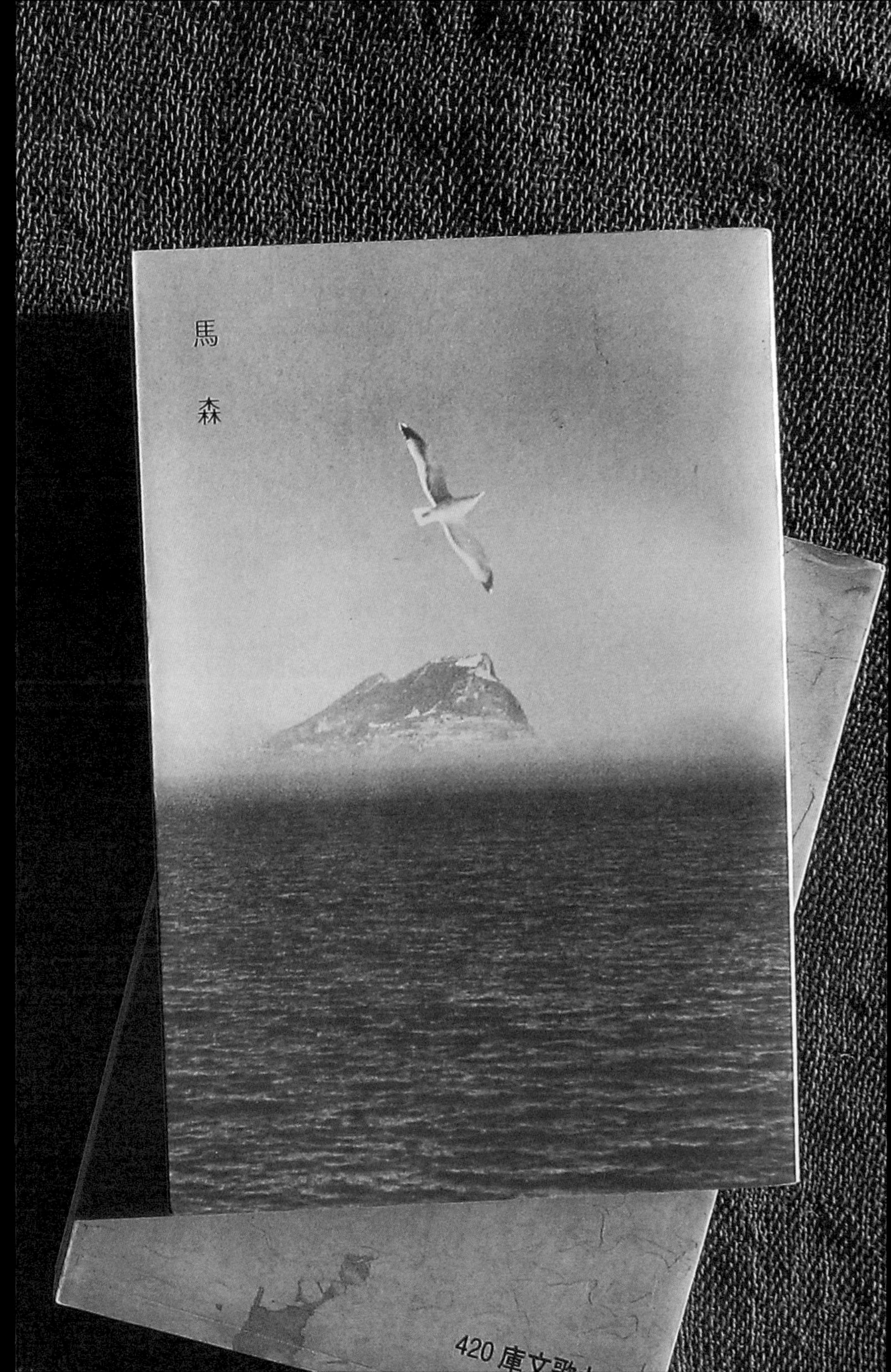
馬森
420

刻镂出前卫台式图腾

杨国台

跨媒材的创作实验

“美术设计”（Art Design）最早在台湾出现，乃是源自传统纯粹美术（Fine Art）过渡至现代“设计”（Design）专业的产物，且因其彼此之间的知识领域、养成教育乃至表现内容（包含造型、色彩、构图等基本元素的可视化组织安排）等，有不少共通之处，因此早期投入设计行业者大多具有美术背景或由画家兼职创作。

20世纪六七十年代以降，台湾社会开始普遍使用的“美术设计”一词，虽已大抵相当于“设计”，却仍带有某种鲜明的“图案”（Pattern）装饰性格。毕生以创作绢印版画为职志的杨国台（1947—2010），可说是当时作品产量最丰盛、运用造型色彩最亮丽大胆的一位美术设计家。

杨国台在台南安平小镇出生成长，故乡老街的古意和纯朴，临岸咸咸的海风和鱼腥味，渔船艳丽而剥落斑斑的油漆，庙埕戏台的锣鼓喧声，以及木偶戏偶在师傅掌中不断翻身跃起，

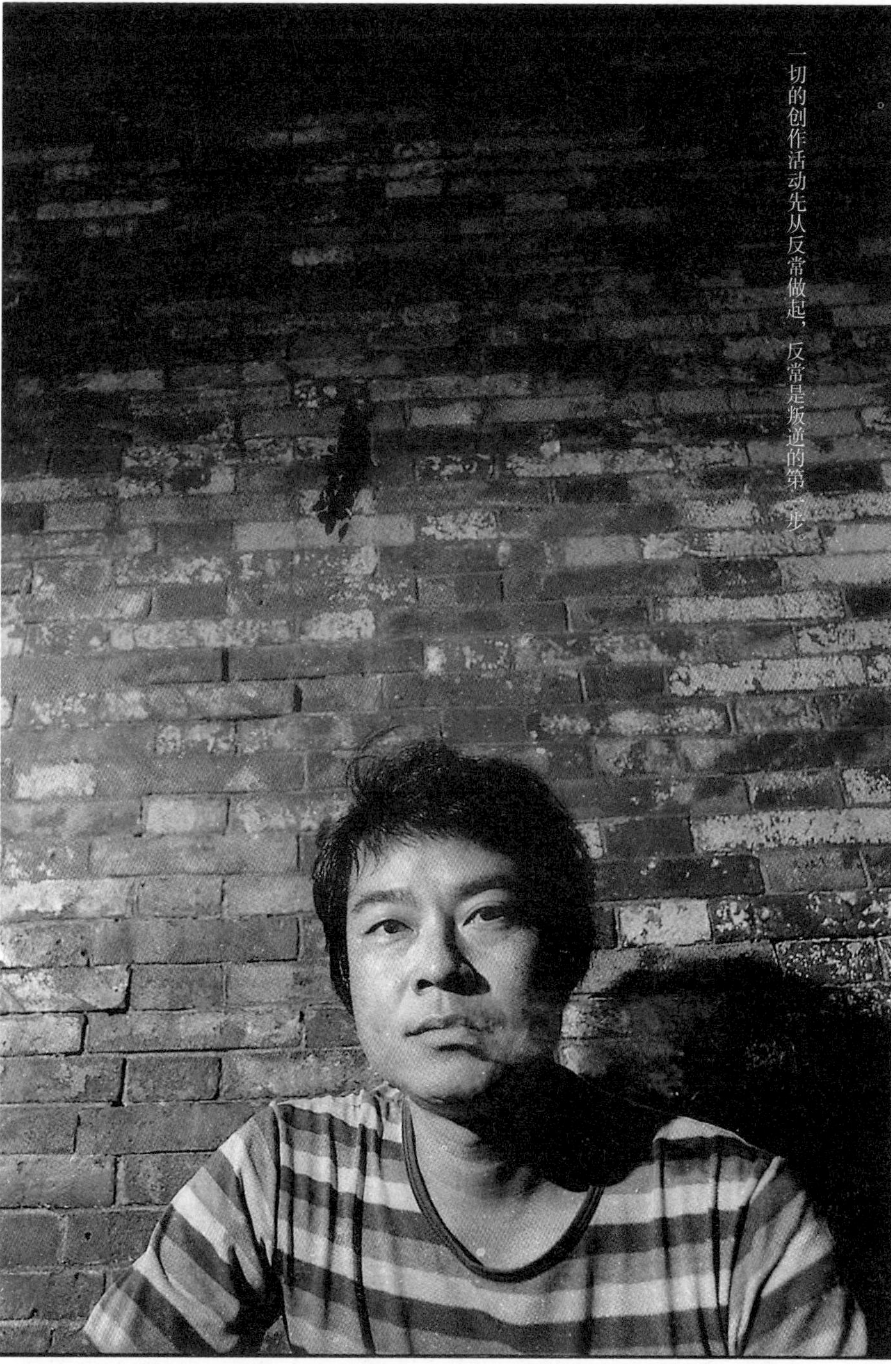
一切的创作活动先从反常做起，反常是叛逆的第一步。

伴随他度过了五彩缤纷、欢畅淋漓的童年岁月，促使他日后的艺术创作，每每掺有一股浓烈的乡土气息与鲜明的俚俗色彩。

年轻时候的杨国台，个性执着而有原则，感觉敏锐而富活力，待人处事既细心又豪爽。他热爱搜读现代诗——特别是20世纪60年代洛夫、郑愁予、余光中的作品，以及包括《笠》诗刊与《现代文学》等文艺刊物，年轻时甚至经常写些教人看不太懂的现代诗。同时热衷研究佛经，因此他的创作版画、海报设计与书籍装帧作品中，涉及了不少关于诗与民俗风土等主题。

20世纪七八十年代，杨国台替《幼狮文艺》杂志、幼狮文艺丛书、《主流诗刊》、长河出版社、大汉出版社设计制作了为数相当可观的文学书籍封面。他认为中国文字的造型结构很能够代表东方文化独有的色彩，因此在设计装帧作品里常嵌入诗文内容，透过诗的意象，孕育出属于古典中国的精神面貌。

在那个“艺术”与“设计”两者之间混沌不明、若即若离的年代，杨国台即已开始思考如何透过版画的表现形式融入设计者的创意，加上崭新的观念与配色，将版画艺术当作通往现代设计的媒介。艺专在学期间，还与同侪好友创立了台湾第一个由学生组成的设计团体“变形虫设计协会”，他们不仅大胆运用图案设计、摄影、插画与版画等多元媒材和自由配色（偏好鲜艳的色彩）来表现传统民间文化，甚至还将抽水马桶搬到设计场上作为“装置艺术”新尝试，由此开创前所未见的新视野，对20世纪70年代台湾保守的设计环境产生了巨大冲击。

衆樹歌唱

歐洲＊拉丁美洲現代詩選＊葉維廉譯＊黎明文化事業公司印行

1/10東方與西方1974 YANG KUO TAI 楊國台(版畫)

《众树歌唱：欧洲、拉丁美洲现代诗选》，叶维廉译，1976，黎明文化，封面设计：杨国台

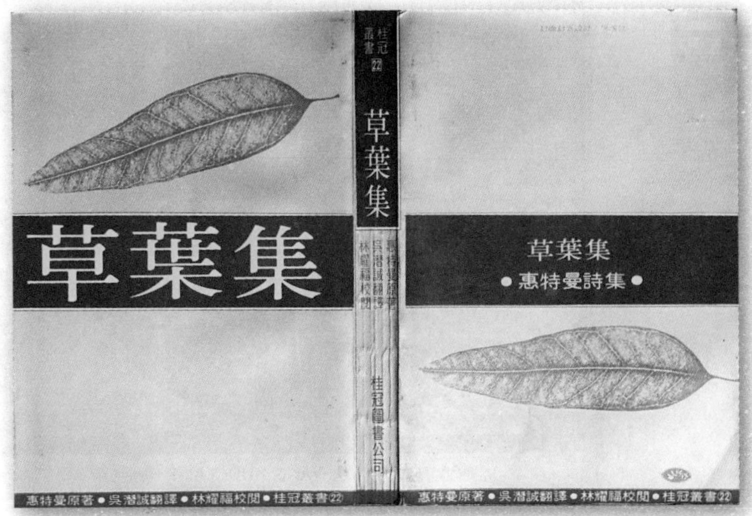

《诗和现实》，陈芳明著，1977，洪范书店

《白玉苦瓜》，余光中著，1974，大地出版社

《草叶集：惠特曼诗集》，吴潜诚译，1976，桂冠图书公司

封面设计：杨国台

从学校毕业后，杨国台先是进入广告界，后来又转而投身房地产事业，与友人一同到高雄成立汉声广告公司，一做就是二十几年。在昔日老友霍鹏程眼中，杨国台是一个成功的商业设计者与生意人,兼具强烈的艺术家气质与旺盛的工作热忱(据说他能够在一个晚上做好一个大企划案的全部设计草图），而他每年参与“变形虫设计展”，都会尽力提出最丰富的作品，尤以色彩艳丽、造型简洁、表现传统民间文化的绢版印刷为主，创作内容多具有某种超现实的想象，以及不同物象符号拼贴组合的图案趣味。

至今回顾杨国台的设计作品，仍可隐约感受当年“变形虫”引领前卫实验的反叛精神。

艺专时期“变形虫”的诞生

祖籍广东蕉岭，1947年出生于台南安平的杨国台，父亲为盐务局警察。从小在海边长大的他，小学就读当地的西门小学，初中念长荣中学，高中负笈台南二中，19岁那年（1966）高中毕业，旋即考入台湾艺术专科学校美术工艺科（简称“美工科”），相继结识了一批意气相投且对当时台湾设计环境怀有满腔热情与理想抱负的同侪，从此踏上了他钟爱一生的美术设计之路。

当时的艺专美工科主要是从日本引进“包豪斯”[①]的设计

---

① 包豪斯（Bauhaus），乃为1919年建筑师华特·葛罗培（Walter Gropius，1883—1969）在德国威玛创立的一所设计学校，其理念宗旨在于结合建筑、工艺与艺术，因而成为现代设计教育的典范，且对当今建筑设计、工业设计、平面设计、室内设计、现代戏剧、现代美术等领域皆有着深远影响。

自1973年起，杨国台开始担任《幼狮文艺》杂志封面设计及艺术顾问，同时为文学界朋友绘制书籍封面。当时杨国台特别喜好运用拼贴的方式，将来自不同现实的对象或平面图像符号摆放在一起，透过重新剪辑与组合，呈现出某些内在的情感联系及视觉张力，让读者对图像产生不同的联想。后来在“变形虫观念展”中，杨国台亦常将实物与平面图像并置，以类似装置艺术或超现实主义的表现手法来制造特别的效果，这在20世纪70年代台湾算是很大胆的作风。

教育理念，分为两组，一是装饰设计组（类似现今的平面设计或视觉传达设计），另一是工艺设计组（类似今日的工业设计或产品设计），科主任为施翠峰。开办初期，艺专美工科虽尚在起步阶段，却不乏有一些影响台湾近代美术甚巨的知名艺术家出任教职（包括教授艺术理论的施翠峰、绘画课程的李梅树与李石樵、平面设计的沈铠与高山岚、工艺课程的颜水龙与王修功，以及指导摄影的郎静山等），堪称台湾早年培育专业设计人才的重要摇篮。

艺专一年级时（1966），杨国台与来自澎湖马公高中的陈翰平、宜兰头城高中的吴进生、台中一中的霍鹏程，以及竹东高中的谢义枪住同一栋学校宿舍。到了下学期，五人搬出校舍，在学校附近租屋。课余时间，他们经常相约出游爬山、走街串巷，乃至谈论有关设计与艺术创作的各种奇思异想，也常结伴参观各种设计展览，互相交流现代诗、电影、戏剧、设计与现代艺术等领域的杂志书刊（比如黄华成主编的《剧场》杂志），逐渐相知相惜，种下了五人往后四十年的深厚情谊。

1974 年“变形虫”五位创始会员于厦门街租屋处附近合影留念。（霍荣龄摄影，霍鹏程提供）

根据多年前杨国台的访谈自述：“我们这几个那时候不是乖乖仔，老师看到我们都很头痛，那时候国文科、英文科没什么兴趣，当时认为上那些课没有什

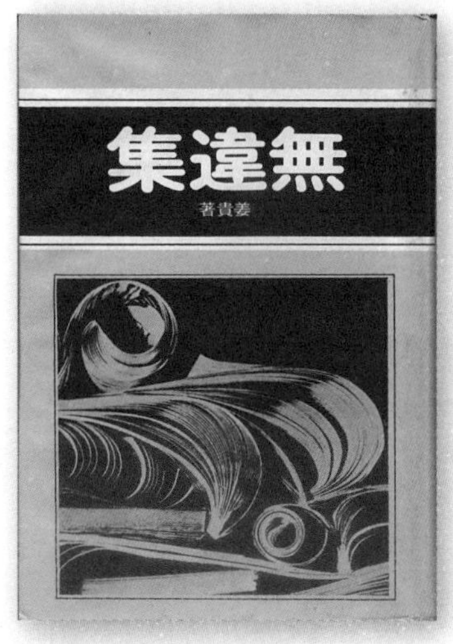

《灰鸽早晨的话》（平装版），也斯著，1972，幼狮文化
《川端康成袖珍小说选》，川端康成著，1975，幼狮文化
《无违集》，姜贵著，1974，幼狮文化
《作家电影面面观》，但汉章著，1972，幼狮文化

封面设计：杨国台

么用。不过沈铠老师的课我们都很认真，所做的作品都没有话讲，作品一交就交五六件，又很大件。”[①] 比起同辈学生，他们往往更有想法，不仅是学校极其活跃的风云人物，也是某些师长眼中的头痛分子。

1967 年，同为艺专毕业的学长郭承丰及其好友李南衡、戴一义三人创立了台湾第一本现代化的设计杂志《设计家》，首度将“包豪斯”概念引进台湾，并且立下“以设计美化中国”的豪语，不仅让当时的台湾设计界大为惊艳，也令许多年轻人深受启蒙，其后于翌年（1968 年 1 月 14 日）由郭承丰精心策划、在台北市峨嵋街文星艺廊[②] 举办为期两周的“设计家大展”，更是浩浩荡荡地展出了包括海报、唱片封套、产品包装、月历、书籍封面、插图、速写、摄影、橱窗设计等跨媒材多元内容，而当时仍在艺专就读的杨国台亦以其设计作品“台湾观光海报”参展。

就在“设计家大展”落幕之后，约莫又过了一学期，任教于艺专广电科的广播名人崔小萍即因爆发“匪谍案”而引起轩然大波，甚至风闻有教授在三更半夜被警备总部派车载走，校内外一时风声鹤唳、人人自危，这也影响到当时的美术设计创作，画家与设计家在构图及用色等方面，都尽量避免触犯执政

① 袁椵鼎，2007，《变形虫设计协会研究》，台湾科技大学设计研究所硕士论文。

② 1952 年，萧孟能、朱婉坚夫妇于台北创办“文星书店”，初期在衡阳路口承租摊位，专门贩卖西文书报与各国语文教材，而后搬迁至衡阳路十五号店面，开始出版中文新书。及至 1967 年，文星书店由衡阳路移往峨嵋街五号之一，而“文星艺廊”则是位在峨嵋街的书店新址二楼，是台湾 20 世纪 60 年代重要的民间经营文艺空间，也是台湾现代艺术与设计的推手之一。

临毕业那年（1969），为了交毕业展作品，霍鹏程手绘了两张变形虫主题的海报，一张是变形虫设计屋，一张是变形虫咖啡屋。其构想意指“变形虫”是最基本的单细胞生物，却能随时随地改变、求新，不会拘泥于固定的形态。此一图像的隐喻恰好符合霍鹏程、杨国台、陈翰平、谢义枪、吴进生五人对设计的理想与抱负，因此后来便决定采用“变形虫”作为新创立画会团体的名称。（霍鹏程提供）

1974年刊登于《幼狮文艺》第251期的“中韩心象艺术大展”广告

1972年杨国台设计第二回“变形虫观念展”海报。（叶政良摄影，霍鹏程提供）

当局的禁忌①。

尽管处在政治戒严、思想不自由的年代，却仍阻挡不住这些锐意进取的年轻人试图将其理念与想法传达给当时的社会大众。1971 年 11 月，霍鹏程、杨国台、陈翰平、谢义枪与吴进生这五位甫从艺专毕业、刚踏入广告设计界工作的年轻设计师，在台北市武昌街精工画廊联合举办了第一回“变形虫观念展”，“变形虫设计协会”于焉诞生。

从 20 世纪 70 年代到 90 年代期间，变形虫设计协会接连策划、开办了多场重大展览，包括 1972 年“变形虫观念展”、1974年“中韩心象艺术大展”、1976年“变形虫夏展”、1984年“变形虫年画展”、1988 年“变形虫视觉展”等，透过这一连串“观念展”“艺术（视觉）展”的举办，“变形虫”同人们不断尝试以图案、摄影、插画、版画等多元媒材开拓设计创作的可能性，并且大胆运用图案造型之间的拼贴组合，令人产生某种

“变形虫夏展”杨国台作品展区。（霍鹏程提供）

1976 年“变形虫夏展”在台北远东百货正式开幕。（霍鹏程提供）

① 例如版画家陈庭诗早年一幅作品画有大块拓印的黑，中间一个圆的红色，在当时被情治人员认为是象征日本帝国主义。当时创作者口耳相传、相互告诫：画圆形时要稍微留意画一点缺，尽量不要画太圆。

延伸的想象和隐喻（比如1972年“变形虫观念展”杨国台在一个苹果雕塑上加装水龙头即代表“新鲜果汁”，在红心上面放一只金龟便意味“征婚”），甚至展出各种跨媒材的立体作品（例如把马桶搬到展览现场用来插花，抑或在马桶盖内伸出舌头来代替卫生纸），成为当年仍处于摸索阶段的“装置艺术”先驱。

衡诸当时相对保守的设计环境下，变形虫的出现不仅提供了许多异议观念与创新思维，也深深影响了往后投身于美术设计领域的年轻一代。后来更引介日本与韩国设计师及其作品，成为台湾第一个跟韩国日本做交流的民间组织，并促成了在韩国及本岛、香港等地举行多次跨地区的“亚洲设计家联展”，对于提升台湾设计文化在亚洲市场的国际视野有着莫大贡献。

独钟绢印版画的图像拼贴

“绢印”① 版画可谓是杨国台最专注发展、也最具个人风格的作品类型，而这可追溯到他即将升读艺专三年级的1968年暑假。那时，他利用难得的假期，前往位于新庄的绢印工厂实习，钻研有关制版、裱绢、刮色与套色等技巧。这段经验，亦成为他日后从事艺术创作的重要过程。

---

① “绢印”又称“网版印刷”或“孔版印刷”，印制时以一张布满细孔的网屏作为印版，并用特殊药剂把图案之外的细孔封住，将蘸饱印墨的橡皮刮刀从网上划过，颜料就会从图案上的细孔均匀渗漏到纸张上。由于绢印本身使用的颜料吃墨厚重、色彩鲜丽，质感近似手工，可自由表现出渐层、柔化、透明及（如油画般）厚实等各种不同视觉效果，再加上制版容易，任何人都能在短时间内学会，也不需庞杂的设备或机器，更不受平面限制，故而很快就被商界发现，并将其印刷技术运用在容器、布料、瓷砖、玩具等商品包装外观上，同时也吸引了敏感的艺术家来进行创作。

观诸彼时杨国台一心埋首于探究绢印媒材技法的那份狂热，变形虫成员霍鹏程曾撰文回忆："在工作之余，杨国台喜欢小饮几杯，来舒展一下严谨的生活方式，酒过三巡以后，更以歌唱来抒发胸中的豪气，然而除了工作之外，他把全部的精神与心血都投入在他的版画创作中。"①

其后，经过多年深耕，杨国台在变形虫时期所展出的作品，几乎都是以现代科技精密分色制版的绢印版画，昔日在艺专习得的基本图案设计技巧，也不断显现在他的作品中。对此，同为变形虫成员的老友谢义枪予以极高赞誉："杨国台的绢印版画可以说是国内最亮丽色彩最丰富的一位，也是能将版画中用'掸'色最淋漓尽致的一位现代艺术家。"② 大致而言，早期他擅长以简洁造型的草、木、鱼、鸟、蝴蝶等作为平面设计与版画题材，用色丰满、构图新颖，后来又运用照相制版与影像

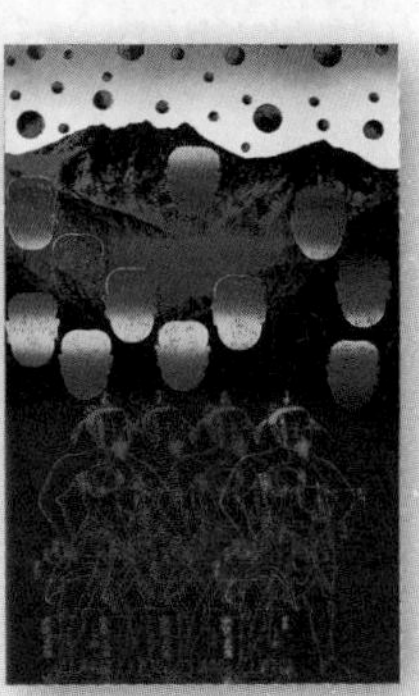

1980年杨国台的绢印版画作品《现代启示录之一》。（霍鹏程提供）
1987年杨国台的绢印版画作品《加官晋爵》。（霍鹏程提供）
1986年杨国台的绢印版画作品《中国印象之三——天地人》。（霍鹏程提供）

---

① 霍鹏程，1989年12月15日，《传承与创新的杨国台》，《台湾时报》副刊。
② 谢义枪，1987年12月18日，《匠心独运杨国台》，《台湾时报》副刊。

1981年，由变形虫设计协会与韩国的现代设计家共同举办“中韩俗语表现展”，杨国台发表了一系列（数字拼贴）绢印版画，色彩鲜丽、想象力丰富，其中《酒楼·诗仙·度小月》更放进洛夫的现代诗、李白的传奇故事为主题背景，也与传统中国（建筑）文化相呼应，开启了一条文字与图像结合之路。（霍鹏程提供）

1988年“变形虫设计协会”成员合照于台南安平。左起：陈进丁、谢义枪、霍荣龄、杨国台、吴昌辉、李正钦、霍鹏程。（林日山摄影，霍鹏程提供）

重叠技法，彼此错位交织，表现出充满戏剧化的视觉效果，形成一种宛如前卫装置艺术般的时尚感。

及至1978年，正值台湾房地产相关行业开始蓬勃发展之际，杨国台毅然选择离开了早昔被喻为“培养广告人摇篮”的国华广告公司，南下移居，来到终年阳光普照的高雄，他先是与变形虫成员好友陈翰平加入汉声建设，之后自组统领广告，逐渐接触市场业务，再改组为专家广告公司，做起了房地产企划销售的工作。从市调、企划到设计，杨国台皆可谓得心应手。霍鹏程对他的工作与版画创作做了这样的评述：“杨国台在处理日常工作上表现得有条不紊，赢得同伙和客户的信赖与支持，即使在他版画作品中，构图的安排、色彩的选择也表现得井然有序，相信这全得之于在广告界的历练，以及源自他母亲整洁勤劳的天性所致”[①]。

兴许受到杨国台选择绢印素材所影响，有一段时期，变形虫成员频繁展出绢印版画。直到20世纪80年代后期，变形虫创作者仍以版画设计为主轴，他们利用许多现成的图案，加入

① 霍鹏程，1987年12月15日，《传承与创新的杨国台》，《台湾时报》副刊。

了崭新的观念与配色，组合成一种全新的造型意象，将台湾的版画与平面设计作品提升到一个新的层次。

结合东方古典与现代精神

> “每一种艺术以及形式都是一个意志的表现，一个欲望的满足，东方艺术产物使东方的艺术家得到信念，因为它的形式已经完全表现了他的意志，他在他的线条中得到了节奏，在他的色彩中得到和谐，在他的形式中得到完整。经过这段静观思变的酝酿期，从乡土的艺术性表现东方古典与现代精神，正是我创作追求的。”
>
> ——杨国台，1987，《创作随想》[①]

战后20世纪70年代以降，台湾正面临从农业社会过渡到工商社会的剧烈转型，大量外资投入、外商企业纷纷在台成立分公司，在工商主导、经济挂帅之下，传统价值观与生活方式均受到前所未有的冲击。大约同时，岛内政治情势亦开始面对一连串重大的“外交”挫败（如钓鱼台事件、与日本“断交”、与美国“断交”等），激发台湾社会与文化界兴起一股强大的危机感与自觉意识，开始思考台湾未来的命运，相继引发一系列涵盖政治、文学、艺术等各层面的乡土运动。

就在这样的时空背景下，台湾美术界开始盛行乡土写实绘画，许多画家纷纷走入乡间，农村、稻田、断垣、残壁等充满

① 节录自杨国台，1987年，《创作随想》，《印刷与设计》第10期。

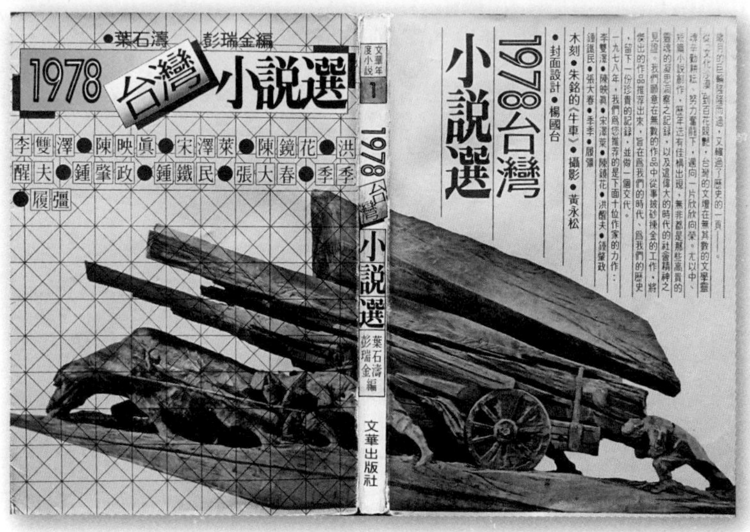

《关云长新传》，曲凤还等著，1978，长河出版社，封面设计：杨国台

《1978 台湾小说选》，叶石涛、彭瑞金编，1979，文华出版社，封面设计：杨国台

摄影：黄永松（朱铭木刻作品《牛车》）

乡土气息的怀旧题材，成为当时台湾美术创作的主流。至于“设计”，则是尚处在摸索阶段（例如杨国台、霍荣龄、王行恭等人，都是台湾战后最早接受设计教育养成的先行者，并试图从中找出属于自己的方向），游移在纯粹美术和商业美术之间，彼时绝大部分关于“设计”的新思潮概念，几乎都是从西方或日本移植而来。

然而，伴随着某些新兴产业的蓬勃发展，例如广告公司的企划设计、媒体电视台的美术指导、报纸副刊的插画美编等，大环境却也充满了机会。例如《联合报》《中国时报》《皇冠杂志》《幼狮文艺》相继采用一些具设计概念的插画家（如高山岚、龙思良、沈铠等），以不同于以往的插画方式来做平面设计与视觉规划。

置身于台湾20世纪70年代所掀起的一股理想狂飙的时代氛围，杨国台在参与变形虫期间，于创作上经常将传统文化元素撷取应用到现代的视觉语汇当中，并且赋予其新生命。衡诸文字与思想的部分，杨国台对于诗书礼乐的古典中国文化传统始终充满孺慕之情，同时不能也不愿忍受社会既有规范束缚。而在取材上，受故乡台南安平的乡土元素影响，那些埋藏在他内心深处的画面声音，例如一抹艳阳下的小镇巷弄，锣鼓喧嚣的野台，旧式老屋的狮头与门神，庙口空地上正搬演着《七侠五义》的木偶戏偶等，诸如此类的意象，总是不断浮现在他的绢印版画与平面设计作品中。于此，我们或许亦能从他31岁时所写下的现代诗作《岁月·戏台·笑》内容略见端倪。

一口气吹皱了三千里鱼尾纹路

《崩山记》，郑焕著，1977，文华出版社

《望春风》，钟肇政著，1977，大汉出版社

《白衣方振眉》，温瑞安著，1978，长河出版社

《朝鲜的抗日文学》，宋敏镐著，钟肇政译，1979，文华出版社

封面设计：杨国台

眼角边是道弯弯的河流
老化将我竖起一脸方方正正的旗帜

在晨昏的日历中霍霍飞扬
扬起一脸风霜雨露
勾起一脸岁月痕迹
就成了一幅秋割后的田地
古董店与博物馆是万万去不得的
还是把他挂在人间走廊迎风招展吧

笑一笑啊！即使是笑一笑
也是强颜欢笑
把笑声筑在一脸方方正正的戏台上
笑出人生百态

你看我像是丑角吗
我是“未出风尘生死客，
生死由我定生死”
从木偶戏演到皮影戏
从北京戏唱到歌仔戏
从古戏笑到今戏
当你看我时
我感觉得到
我在戏里，你在戏外
当我看你时

《潭仔墘札记》，黄劲连著，1982，水芙蓉出版社

《四大名捕会京师》，温瑞安著，1977，长河出版社

《剑试天下》，温瑞安著，1978，长河出版社

《神州奇侠》，温瑞安著，1978，长河出版社

封面设计：杨国台

你可感觉得到？
你在戏里，我在戏外
而你而我，戏里戏外，都是戏
唱完旦角改丑角，卸下贫道换妖道
我们都活在一脸方方正正的戏台上

——杨国台，1978，《岁月·戏台·笑》[①]

昔日友人口中的“老杨”，是一个执着而又有原则的诗人设计家，谢义枪说他的诗：“读起来有一种悲壮而苍凉的感觉……当他饮酒吟诗之时，你会被他那种诚意与豪气逼得透不过气来。而我常常在想他非常适合去当一个舞台的表演者，从小看的木偶戏，好像永远留存在他脑海中。”[②]

20 世纪 70 年代初期，杨国台结识了来自台南佳里的同乡前辈作家黄劲连，随后着迷于现代诗写作，并为黄劲连等人所创设“主流诗社”发行的《主流诗刊》设计封面。黄劲连 1975 年退伍后，与朋友在台北士林创办大汉出版社，接连出版不少文学作品，诸如李昂崭露头角的小说集《人间世》、曹又方的小说《缠绵》、王璇的散文《长铗短歌》、庄金国的诗集《乡土与明天》等。数年间，该社陆续发行“大汉丛书”“大汉新刊”“大汉文库”“大汉传记文学”等文艺出版品共数十种。这些书籍封面设计均由杨国台一手包办，色彩和风格都一如他的拼贴绢印版画，颜色斑斓，新旧元素并陈，充满了传统

① 引自 1981 年霍鹏程编著《亚洲设计名家》。
② 谢义枪，1981，《一个艺术家、设计家和诗人》，《设计界》杂志第 8 期。

图案装饰意味的俗艳美感，展露出一种热闹喜气如年画般的面貌。

就像许多艺术家和设计家一样，杨国台也有收集东西的嗜好。杨国台从年轻时便喜欢收集与台湾民俗生活相关的艺品，包括传统的木偶戏偶、古厝门窗的木雕、屋脊上的陶塑像，以及早期的木作家具和陶瓷器皿等。据说他高雄家中除了摆置太太阿霞（林素霞，也是杨国台在艺专的同班同学）的陶艺作品外，还有许多珍奇的器具与老对象。它们被很有秩序地收纳着，甚至包括他学生时代的作品、工作上的相关数据，每一样都编号完整，存放得规规矩矩、一丝不苟（据说就连广告颜料的瓶子或浴室毛巾，都按照颜色顺序排好）。这些收藏品不仅带给他许多创作上的灵感，亦成为他览物思情的心灵寄托。

综观杨国台的设计作品，处处可窥见他热爱台湾乡土文化、钟情于民艺品收藏的生活痕迹，且往往具有强烈的符号特征与鲜明的装饰性，又受到一些商业广告设计（例如普普艺术和后现代主义的拼贴手法），以及印刷媒介（例如绢版叠印方式）的影响，但最终都一一重塑出属于他自身特有的节奏和韵味，气息与灵魂。

狂飙时代的台味美学

“我经常在想，一个从事艺术的工作者，要从读书、工作、生活中去体验去感受，建立一套自己的思想体系、技法与风格，而不应受原有形式、技巧的束缚和限制，这

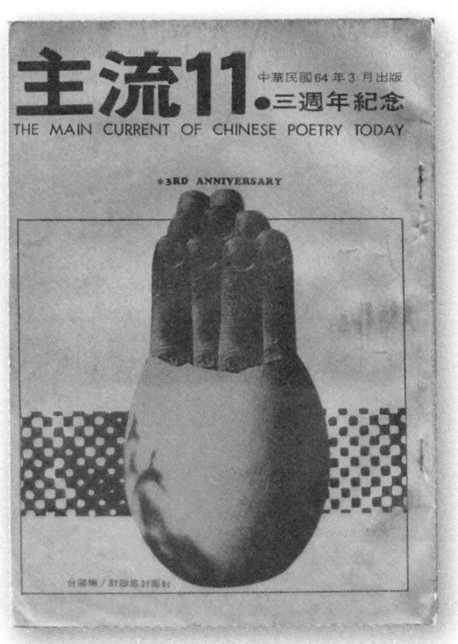

1973年至1976年杨国台设计《主流》诗刊（第9期到第12期，出刊日期不定）杂志封面。喜爱写诗、热衷绢印版画的他，除了平日在广告公司上班之外，同时也经常义务帮忙文学圈的朋友们绘制书刊封面。其早期作品多以鲜明色彩与简洁造型的绢版印刷为主，之后又融入照相制版与影像重叠技法，以不同排列对比的拼贴手法，营造出既前卫又兼具时尚感的图像风格。

样的创作方能求新、求变，求新不一定是对，但新又好却是绝对的，而变是一次突破、一个经验、一番阵痛、一种过程，静观思变方能求新，这样的作品方能平原极目，天地开阔意气风发。”

——杨国台，1987，《创作随想》[①]

回首过去，于战后出生的新一代岛内青年，在接受与完成高等教育的20世纪70年代前后，正处在一个新旧交替、所谓“本土传统文化”与“西方思潮”相互冲击的启蒙时期。杨国台即见证了这个空前剧变的时代。他的作品在形式上每每秉承包豪斯“理性主义”（Rationalism）与“建构主义”（Constructivism）传统，追求一种规律有秩序、非个人的、理性化的设计风格，因此经常使用三角形、方形、圆形及其变形等单纯的几何图形作为造型基础，同时采用大量的拼贴图案，作品主体明确、构图严谨有致，而且充满了力量。

在视觉上，杨国台喜好使用偏于鲜丽的色彩，配合绢印颜料的沉厚和线条的潇洒，构成了既华丽又俗艳的色感，发酵为一种浓呛的、难以归类的俚俗台湾味。此外，他亦时而援用波普艺术与后现代主义的隐喻及讽刺创作精神，将图案主题做反复、倒置、叠影等处理，来表现他对台湾乡土与传统民俗文化的特殊情感。

“一切的创作活动先从反常做起，”杨国台对此强调，“反常是叛逆的第一步，什么是反常？从原级观念中先行否定已成

---

① 杨国台，1987，《创作随想》，《印刷与设计》第10期。

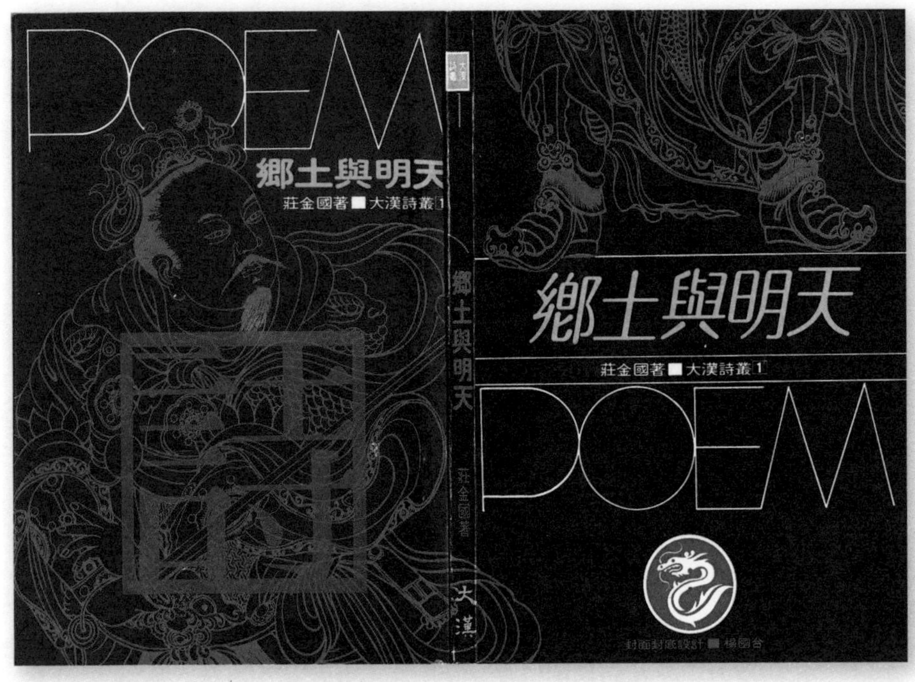

“主流诗社”成员包括黄劲连、羊子乔、黄树根、龚显宗、德亮、陈宁贵、杨国台等，每逢假日闲暇，常在由庄金国开设、位于高雄苓雅区高师大附近的“主流书局”喝茶聊天、谈文论艺。当年庄金国交付黄劲连所创立的“大汉出版社”出版第一部诗集《乡土与明天》，收录他十多年来默默埋首笔耕、描述高雄风土人情的现代诗作共 70 余首，宛如一部刻画细腻、意象鲜明的文学乡土志。

《乡土与明天》，庄金国著，1978，大汉出版社，封面设计：杨国台

的习性，再寻求壮烈的突破，造成视觉面貌的新经验，给人新奇而有磅礴的冲击气势。当然观念的变迁是思想激发变异的因素，有了以上则反常方能起步，立足点才有基础，这是一种豪气，一种勇气……”①

身为一个现代艺术跨媒材实验的先行者、兼具理性思考与乡愁情怀的美术设计家，在杨国台有限的生命年岁里，那些最富原创性和冲击力的绢印海报作品以及书刊封面设计，几乎是密集且大量地集中在他早期参与创立“变形虫设计协会”之后，乃至他毅然决定离开广告设计公司、南下高雄定居从商，直到解严前后的这短短十多年间（1971—1987）。由大环境观之，彼时 20 世纪 70 年代知识分子开始对民族意识和现实环境萌生自觉和批判，进而掀起了回归本地的乡土（文化）运动风潮，以及 20 世纪 80 年代伴随着经济转型而渴望求新求变的民间社会革新氛围，毋宁构成了他作品最鲜明的时代印记。

若以今日的观点来看，大半辈子都在南部度过的杨国台，不唯性格言行透露着浓厚的草根气息，就连从事创作时也偏爱使用各种鲜艳斑斓的色调（例如他替长河出版社、大汉出版社设计的一系列文学书封面），更常把不同年代的新旧东西拼贴在一起，其作品风格涵盖了多元语汇：古典的、现代的、西方的、东方的、乡土的……其中有的朴拙俗艳，透着一股生猛之气，有的则是挟带一丝幽默戏谑的 KUSO 式嘲讽（例如罗青诗集《吃西瓜的方法》封面以古代圆璧象征西瓜、《这样的“诗人”余光中》封面竖起“不文”手势的设计构图等），

① 杨国台，1978 年 5 月，《从反常出发》，《设计人》第 13 期，艺专美工科美工学会发行。

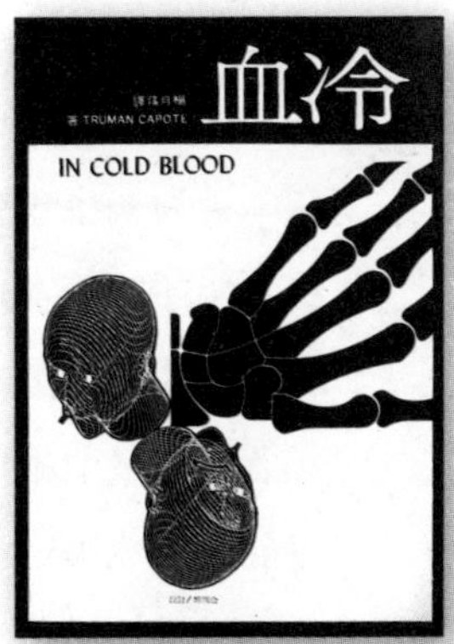

《人间世》，李昂著，1977，大汉出版社

《冷血》，卡波第著，杨月荪译，1978，长河出版社

《缠绵》，曹又方著，1977，大汉出版社

封面设计：杨国台

展现离经叛道、诙谐不羁的特色。

简言之，从里到外，曾引领风骚的杨国台，俨然就是那个时代设计界的“台客”美学代表人物。

在不同世代的转换递嬗之间，尽管“台客”之说在现代已被重新发掘（例如区分“旧台客”或“新台客”，其实正显露出台湾新旧世代的断裂现象），但经过数十年来岁月的淘洗、沉淀，如今再看杨国台的设计作品，可以窥见他从旧时代提炼出来的台湾图腾，不仅容纳了过去的传统与反叛，亦承载着时代潮流的新生及创意。

余光中在台湾文坛的争议，始于1977年8月20日他在《联合副刊》发表《狼来了》一文，为台湾的写实主义（乡土文学）作家扣上了中共“工农兵文学”的红帽子，自此掀起了双方彼此论辩的强烈风暴。

该年底，《夏潮》与《中华杂志》刊出多篇驳斥余光中的文章，其中尤以大汉出版社集结印行陈鼓应著《这样的“诗人”余光中》一书为代表。由杨国台设计的封面，深红底色，加上竖起“不文”手势的构图，一副带着挑衅的架势，展现作者挥笔如刀、义愤填膺。此书出版后，短短数月间即已销售数万册，翌年又有增订版问世，所得版税则由出版社捐作儿童福利基金。

《这样的“诗人”余光中》，陈鼓应著，1978，大汉出版社，封面设计：杨国台

杨国台　年谱

杨国台摄于 1976 年“变形虫夏展”。(胡政雄摄影，霍鹏程提供)

1947　出生于台南安平。

1966　进入台湾艺专美工科就读。

1968　参与《设计家》杂志发行人郭承丰筹办的“设计家大展”。同年利用寒暑假前往新庄的绢印工厂实习，研习制版、裱绢、刮色、套色等技巧。

1969　从艺专毕业。同年参与第一届“中华日历设计展”获颁广告金牌奖。

1971　与艺专同学吴进生、霍鹏程、陈翰平及谢义枪共五人在台北市武昌街精工画廊举办第一回“变形虫设计展”。

1972　8 月，郭承丰创立《广告时代》杂志，杨国台担任总编辑。11 月，在台北市武昌街精工画廊参与第二回“变形虫观念展”。

1973 担任《幼狮文艺》杂志全年封面设计及艺术顾问。

1974 透过施翠峰的引荐，与韩国的现代设计实验作家们在台北凌云画廊共同举办了“1974 中韩心象艺术大展”。同年开始在《中华日报》担纲副刊插画工作。

1976 参与第四次“变形虫夏展”。

1978 从国华广告设计公司离职，南下高雄定居并从事房地产企划销售。

1979 参与第五次中韩现代艺术群展及第二回韩中国际 GRAPHIC 展（汉城）。参与第六次中韩趣味设计展。

1980 参与第三回韩中国际 GRAPHIC 展（汉城）。

1981 于台北春之艺廊参与“中韩俗语表现展”，发表一系列（数字拼贴）平版画作品。

1984 参与第三回亚细亚设计交流展。同年开始在《台湾时报》担纲插画工作。

1985 改组设立“专家广告”公司，担任总经理。

1986 获第四届高雄市美展设计第一名。

1993 担任高雄市立美术馆版画组典藏委员。

1994 参与变形虫海峡两岸版画交流展。

2007 参与“寻找创意台湾”（Search for Creative Taiwan）海报设计展。

2008 参与“寻找创意台湾——变形虫视觉艺术展”巡回展（台南县立文化中心、高雄县立文化中心、真理大学麻豆校区）。

2010 因脑溢血骤逝于高雄医学院，享寿 63 岁。

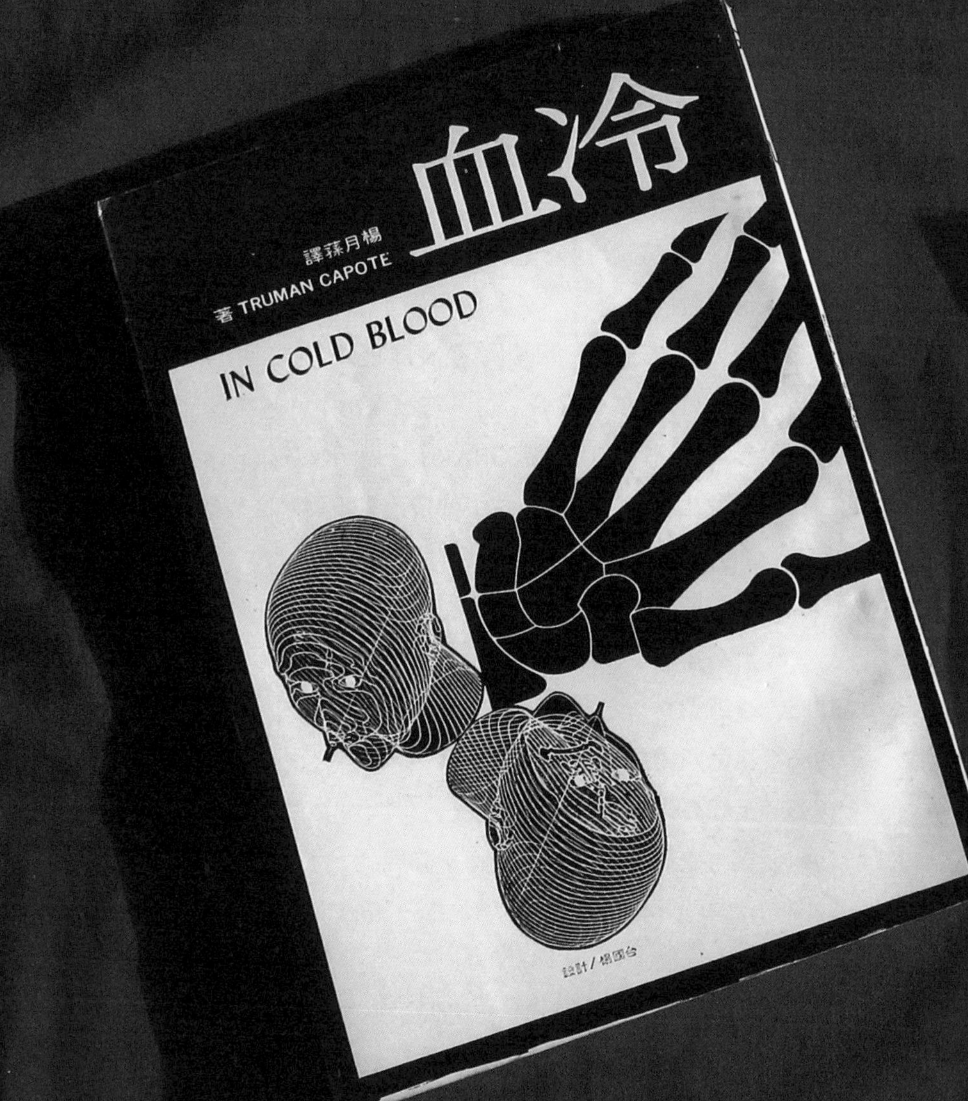

（林秦华摄影）

主流11
THE MAIN CURRENT OF CHINESE POETRY TODA
中華民國64年3月出版
三週年紀
*3RD ANNIVERSARY
主流12
中華民國65年1月31日出版
JANUARY 31 1976 NO.12
THE MAIN CURRENT OF CHINESE POETRY TODAY

挥洒山川天地的时代画卷

霍荣龄

现代艺术风格先行者

她的个性单纯质朴，身形瘦高，言谈举止之间带着一股冷静知性的神秘特质，自由自在、随心所欲，许多朋友们都昵称她“阿霍”。

从小率性叛逆、不太遵守世俗规范的她，经常站在时代的风口浪尖，追寻一条充满动荡冒险的开拓之路。她曾在 20 世纪 70 年代担纲“云门舞集”创团初期的视觉艺术指导，在 20 世纪八九十年代协助《联合文学》《台北人》《天下杂志》《远见杂志》与《康健杂志》等刊物创刊设计。而她生平最无法忍受的，是要固定进办公室、每天穿着鞋子去上班。

她是霍荣龄。平日喜欢喝茶、听音乐——举凡从古琴民谣到闽南语歌曲，乃至海菲兹的古典乐和披头士，以及新世纪音乐她几乎都爱。同时也热衷于设计海报、唱片封面与书籍装帧——不少都是一整套的大部头丛书，包括她为远流出版公司精心设计，以日本传统织锦中著名的藏金云彩底纹，

要有规律的东西，才会造就你思想的开创性。

配合进口牛津书皮纸精装裱帧的《金庸作品集典藏版》（精装版），亦有以元朝画家黄公望所绘《富春山居图》为封面元素、搭配计算机绘图科技和局部上光而制作的《金庸作品集》（平装版），重新编选设计的 25 开加大字级版《中国历代诗人选集》一套四十册；以及替东华书局仿效中国线装古书样式装帧，结合虎皮纹手工纸，呈现复古摩登质感的精装典藏版《巴金译文选集》和《中国地理大百科》丛书；另外还有台湾麦克出版公司发行的《巨匠与中国名画》《巨匠与世界名画》等。除此之外，小时候喜欢帮奶奶穿针引线的她，偶尔还帮熟识的文艺界好友设计造型及有趣的服装，以作为平面摄影、电影或舞台演出之用。

大抵自 20 世纪 70 年代以降，台湾在现代设计领域起步相

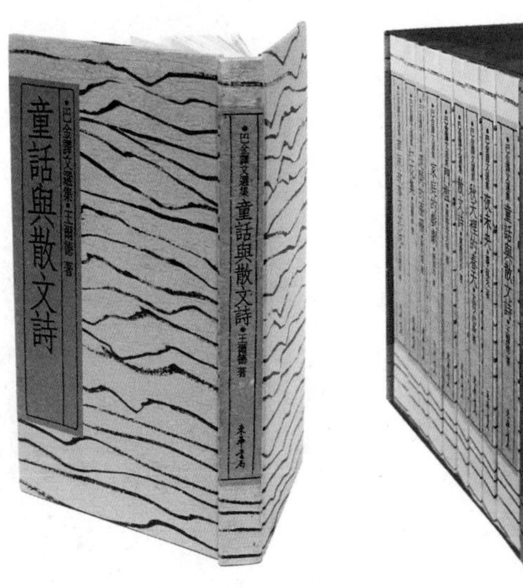

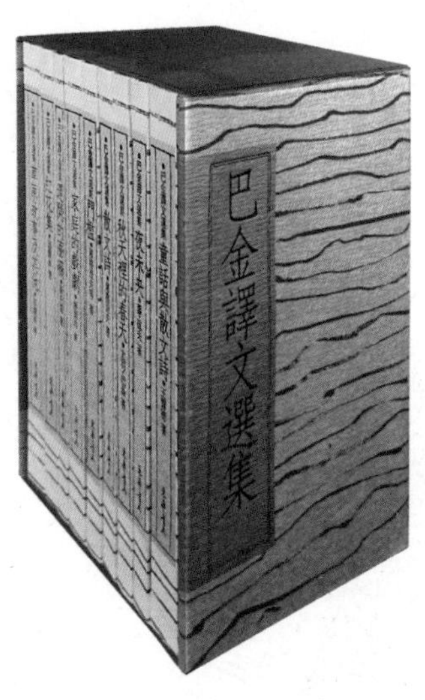

《巴金译文选集》（精装典藏版，共 10 册），1990，东华书局，装帧设计：霍荣龄

1997 年出版《金庸作品集》平装版时，霍荣龄曾在工作室里泡茶、一边对着金庸说：“我觉得你的小说就像一条河，是有历史的，一村一落一个故事。”她遂以元朝画家黄公望所绘《富春山居图》为背景，从中抽出局部山水景物描绘成线稿，作为凸版予以局部上光，呈现出书里书外“金纱缥缈、山高水远”，古典与侠气并存的武侠意境。金庸说他很喜欢，这条河是他家乡的河。

《金庸作品集》（平装版，共 36 册），1997，远流出版公司，装帧设计：霍荣龄

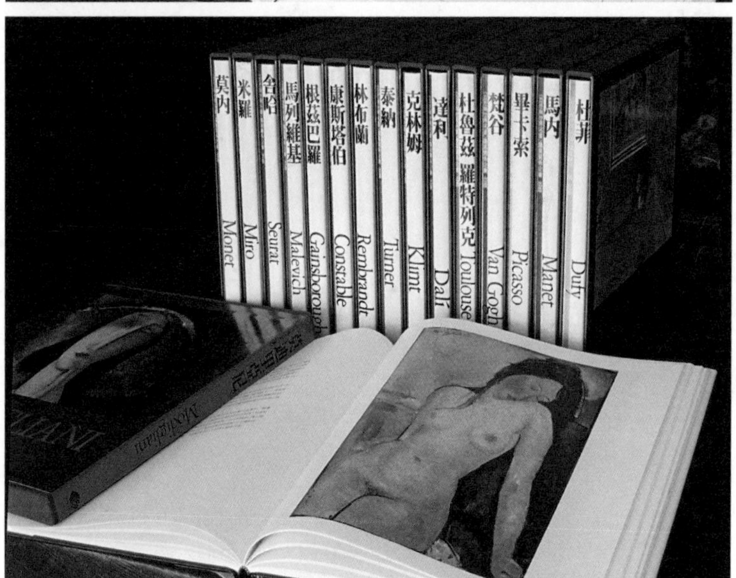

《巨匠与中国名画》系列套书（精装，共 20 册），1995，台湾麦克
《巨匠与世界名画》系列套书（精装，共 30 册），1992，台湾麦克
装帧设计：霍荣龄

对较晚（相比于 20 世纪 60 年代已然风起云涌的现代诗与现代绘画运动），早期从事美术设计相关工作，能安然地做“自由工作者”（Freelancer），在那时女性设计师少之又少。若有，当以霍荣龄为第一人。

作为当时台湾少见的女性现代设计先驱，霍荣龄很早就对“报道摄影”(Reportage Photography)、“纪实摄影”(Documentary Photography）深感兴趣，也偏好以摄影为媒介素材做设计，相较于传统美术设计科系所强调的手绘插图，霍荣龄更擅长用镜头来表现。

霍荣龄爱好大自然山水中无形的力量，使其作品常显雍容大气却又不失细腻典雅。

早年霍荣龄每每专注于拍摄地方风土题材——像是古屋老厝、民间生活与庶民人物等的纪实图像，将其中的经典元素用现代手法加以提炼、重新编排，营造出简约大方的现代气息，抑或透过拼贴手法交织出如梦似幻的超现实感，熔冶古典、摩登和怀旧简约于一炉，色彩华美、亦真亦幻，仿佛方寸之间一片春潮涌动、如史诗一般的大山大水，别具一格。

反叛的追寻：从美术设计到报道摄影

在云林县虎尾的空军子弟小学长大，从初中到高中都在台中女中念书。之后负笈北上，进入艺专美工科就读。彼时，相较于学校里教导的制式设计，身上隐含反叛基因的霍荣龄，很早就在心里埋下对台湾原住民的风土文化、田野采集的美感经验热情的种子。

艺专毕业，霍荣龄 21 岁，旋即考入国际工商传播公司担

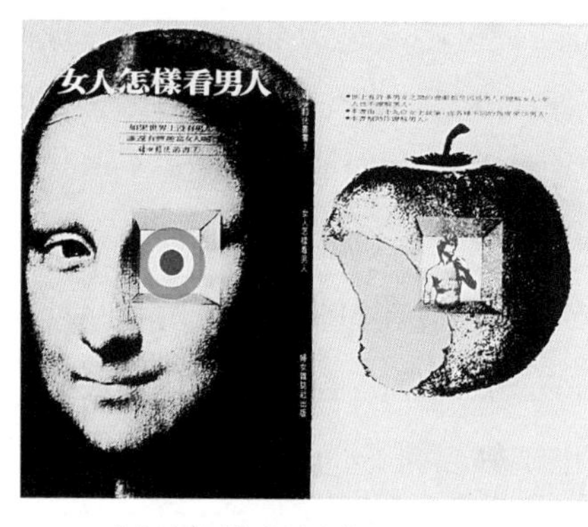

《女人怎样看男人》，1975，妇女杂志社，摄影暨设计：霍荣龄

任设计师职务。由于在工作上，当摄影师不愿意去偏远地区采访，霍荣龄便经常代为出差、随公司出外景拍照，顺便帮模特儿做造型设计，她因此开始钻研摄影、冲洗照片及暗房技巧，也喜欢四处走访古迹古物，沉浸在拍照探勘的乐趣当中。

“那个年代真的很少有女设计师，以前有女生考进去都是帮忙做完稿的工作。”霍荣龄回忆道，“其实那时候觉得好玩的地方是，你什么都要去尝试……早期因为女设计师很少，大多只好帮模特儿做搽粉、化妆啊这些事，所以在广告公司那段期间，真的就是很忙，有啥做啥。”①

回想在国际工商传播公司任职期间，霍荣龄大胆将过去在学校难以付诸行动的、各种前卫的设计甚至摄影构想纳入广告设计方案中，不断把实验精神融进作品里。很快地，霍荣龄的设计受到不少客户青睐，成了公司团队里专门负责竞图比稿的创意发想者。

然而，霍荣龄随兴而发、崇尚自由的性情作风，终究与广告公司商业化、市场利益优先的价值取向格格不入，于是在国际工商传播公司待了三年后，她便决意离职。

① 霍荣龄访谈，2014 年 8 月 18 日，于霍荣龄设计工作室。

恰逢其时，1972 年由新闻界闻人张任飞[1]创办的“现代关系社”旗下刊物《妇女杂志》正在招募艺术指导，霍荣龄得此契机，遂成为该杂志的美术主任。当时，隶属于现代关系社、大约同一时期创立的刊物还包括《综合月刊》《小读者》《现代管理月刊》等，张任飞几乎是倾尽心力地来“养”这些杂志，一手打造出所谓“文人从商”、怀抱理想主义的杂志王国。

其中《综合月刊》与《妇女杂志》更为台湾早年的杂志注

某日午后，为了书籍封面，霍荣龄到当时盛传即将遭拆除的林安泰古厝前，请朋友的妹妹即兴跳舞，不带目的、无拘无束地拍摄。

《你的身体和你自己》，1975，妇女杂志社，摄影暨设计：霍荣龄

---

① 张任飞（1917—1983），生于江苏。1941 年考入复旦大学新闻系，1945 年毕业、入“中央”通讯社担任编辑，自 1960 年起任教政大新闻系。48 岁那年，张任飞辞别了工作 20 年的“中央”通讯社，于 1964 年创办他的第一本杂志《英文台湾贸易月刊》与《自由中国年鉴》，踏出台湾杂志现代化的第一步。之后，他在 1968 年陆续创办《妇女杂志》及《综合月刊》，并获颁“行政院新闻局”“优良杂志金鼎奖”，复于 1972 年接连创办了儿童刊物《小读者》，1977 年创办《现代管理月刊》。张任飞兴办杂志的雄心及魄力，为他赢得了“中国的亨利 · 鲁斯”（美国杂志大王）的美誉。

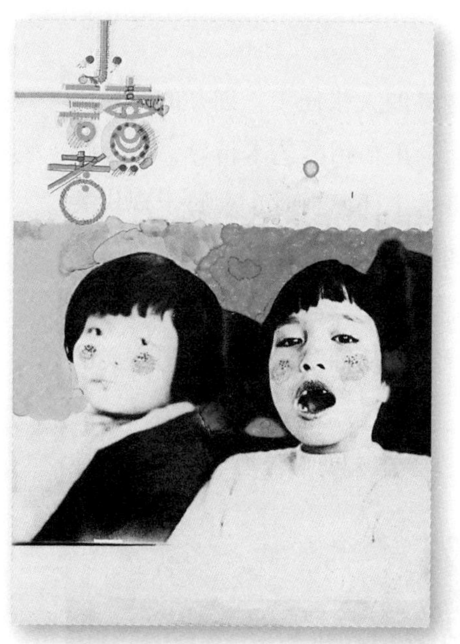

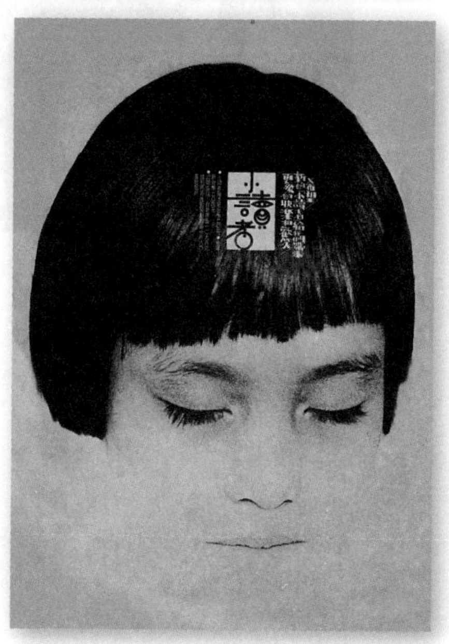

《小读者》杂志封面，1970，摄影暨设计：霍荣龄

入一股新气象，其内容除了两性话题、艺术赏析、科技新知等流行信息，亦不乏历史评论（诸如五四运动与抗日战争专题）、书评书讯，乃至关切社会议题（如乐生疗养院、庙宇企业和地方派系研究）以及庶民人物（如夜市摊贩、性工作者）的深度报道，有些报道篇章即使多年后的今天来看，依然掷地有声、发人深省。不媚俗且经得起时间淬炼的内容，搭配大篇幅的纪实照片，加上不同层次大小的标题字形与版面留白，由内而外营造出一股现代简约的气息，对尚处萌芽时期的台湾杂志界与出版业，委实带来了偌大的冲击和提升，同时培养了许多日后从事新闻采访、杂志编辑、设计以及报道摄影方面的人才。

霍荣龄担任《综合月刊》艺术指导的这段期间，尽管屡屡受限于诸多现实条件，却仍能持续发挥创意，做出了不少堪称经典的封面设计。例如有时候受制于预算、人力不足，请不到模特儿出外景，或者采访社会边缘题材时需要前往某些偏远地区，但一般摄影师却不愿意去，最后只好由设计师霍荣龄带着照相机上山下海，或是找身边亲朋好友粉墨登场、友情协助。

“想当初我会走上报道摄影这条路，其实是不知不觉的。”霍荣龄娓娓道来，“当时并没有要当专业摄影师，只是觉得想要透过镜头来关心这个社会。后来《人间》杂志的陈映真也有邀我去谈过，我给了他一些意见，但是没有去那里工作。我觉得当时我们的老板张先生人很好，很用心地在办杂志和出版，

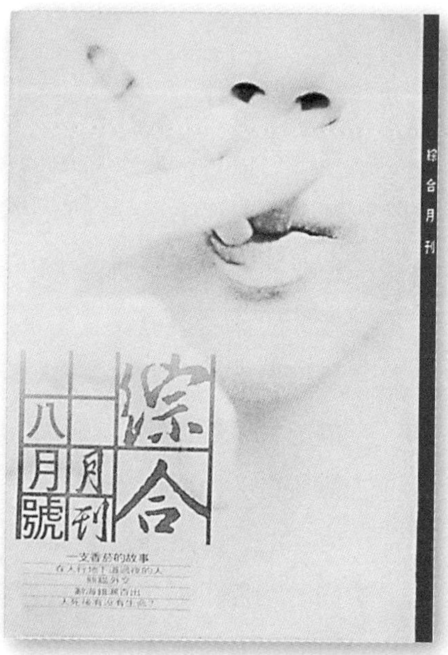

《综合月刊》杂志封面，1970，摄影暨设计：霍荣龄

并且给了我很大的创作空间。”[①]

首先想清楚要传达的是什么，并学会用克难的方式解决问题。霍荣龄平日的生活相当简朴，并不像部分创作者那样丰富，只是曾经走过那个年代，有些创作经验对她来说是比较特别的。

例如《综合月刊》1976 年 3 月号与 10 月号这两期的封面主题，当年便是由霍荣龄胼手胝足克难“自拍”而来。“那个时候什么都没有，只好我自己来。”霍荣龄表示，“于是我先用广告颜料涂彩在左手，然后带着照相机、对准后面的林安泰古厝墙壁自己拍，用右手拍左手，或用左手拍右手……”[②]透过设计转化的纪实影像，用来比喻无论是个人的命运、国与国之间的关系，其实都是掌握在某些人或统治者手中，带有反叛意味的美感于焉呈现。

象幻情真：传统中国文化与超现实主义的结合

在台湾当代设计史上，霍荣龄可说是罕见以美术设计为专职的自由工作者先驱，也是第一个加入早年在台湾设计界颇负盛名的设计团体“变形虫设计协会”的女性设计家——在此之前，“变形虫”是不接受女性成员的。

先在国际工商传播公司工作三年，接着在综合月刊社待了三四年，之后霍荣龄便告别了职场生涯，并且选择放逐自己、陆续到世界各地流浪，更成为不受上下班时间拘束，而在自己工作室里完成设计的“SOHO 族”。

---

① 霍荣龄访谈，2014 年 8 月 12 日，于霍荣龄设计工作室。

② 同上。

1993 年霍荣龄设计“云门舞集”首度赴大陆巡演《薪传》活动海报。

回溯20世纪70年代末、80年代初，正值岛内经济起飞，渐由农业社会步入工商社会，党外政治运动勃兴、现代民歌运动与乡土文学论战风起云涌，乃至各个民间艺文团体——包括云门舞集、新象活动推展中心、兰陵剧坊、雄狮画廊等相继崛起，纷纷为当时的台湾社会注入了一股活力，遂使人们在追求经济发展、物质享受之余，开始注重精神性的文艺生活。这时最欠缺的，便是在宣传方面能够引领并实践某种创新理念的美术设计工作者。

1973年5月，林怀民以《吕氏春秋》所记载中国古代的祭祀舞蹈“云门”作为新创舞团团名，并延请书法家董阳孜挥毫写下了气势奔腾的“云门舞集”四字。该年9月，云门在台

《云门快门20》创团二十周年纪念摄影集，1990，财团法人云门舞集文教基金会，装帧设计：霍荣龄

中中兴堂举办创团首演，首张演出海报由凌明声设计[①]，翌年第二张海报则由霍荣龄接手。当时霍荣龄仍在《妇女杂志》任职，在老板张任飞的默许下，白天上班工作，利用下班后的晚上时间帮忙云门做设计。自创团以降，云门早期的美术文宣及周边相关产品，诸如演出海报、录像带、CD 专辑、现场节目单、解说手册以及 T 恤设计等，几乎都由霍荣龄一手包办。

除此之外，霍荣龄也不遗余力地替许博允的“新象国际艺术节”设计各种海报及文宣，其中最具代表性的，莫过于她为新象活动推展中心主办第一届“国际艺术节”所设计的主视觉海报。

该作品画面构图以传统闽南建筑的巍峨山墙为主角（拍摄地点在台南市的祀典武庙），突显从前殿的“三川燕尾”到“硬山马背”间连成一气、高低起伏的优美曲线，以象征时间历史

“云门舞集”音乐专辑系列封面手册，1992—1994，设计：霍荣龄

① 霍荣龄访谈，2014 年 8 月 12 日，于霍荣龄设计工作室。

的变化流转。一整片浓郁朱红色的墙面正中央开了一道方窗，引入湛蓝天空、如纱白云，视觉上轻盈与厚实对比，真实与梦境参照，意念上则是回归传统与向往自由并陈，呈现出一种古典风格与现代感交错的韵味，仿佛开启了一道通往超现实奇幻空间的无限想象，着实令人惊艳。

“我那时候就深深觉得，我们根源厚实的文化，它就包含在这些红墙黑瓦当中，在这个拥有古老底蕴的地方，我觉得我们需要透过它看到外面的世界。”根据霍荣龄的说法，古建筑山墙与窗户本身具有特殊的象征意义，“因此我们需要有这样一片窗，引进西洋的艺术团体……我觉得艺术就像呼吸一般的自然，它就是空气。”[①]

霍荣龄喜爱随兴而自由的生活，平常连新闻也不太看，然而当她一旦接下工作，面对新挑战时总是会全力以赴、不眠不休。既认真执着又懂得找时间放松的她，早在 20 世纪 70 年代便经常有机会赴外国游历、流浪天涯，借此转换生命视角和思维心境。

最令她印象深刻的，是 1978 年旅居韩国的那一年。当时她经常到乡下拍照记录，从汉江之北的汉城（今首尔）到南端的济州岛，从热闹繁华的商圈明洞大街到古厝老宅群聚的光州及周边小镇，霍荣龄赫然惊觉有许多几乎已经式微的中国传统文化，诸如古建筑、汉字、儒教祭典等，在韩国被完整地保留了下来。她对于北国四季分明的自然山水，春樱夏绿、秋枫冬雪各具风情的景致深有所感——难怪当年名导胡金铨即为此而

① 霍荣龄访谈，2014 年 8 月 12 日，于霍荣龄设计工作室。

1980 年新象活动推展中心主办第一届“国际艺术节”宣传海报。
摄影暨设计：霍荣龄

赴韩拍摄了《空山灵雨》。

旅居韩国的生活经验，隐约唤起霍荣龄记忆中潜藏已久的、对中国传统文化的古典情怀。

及至1989年，霍荣龄游览祖国大陆，看到了北京的城墙巍巍耸立，万仞朱红、琉璃黄瓦几度沧桑，为电影服装设计走访陕北的黄土高原，眺望沟壑纵横、广袤无际的大漠风沙和窑洞。这些壮丽山河令她深有感怀，因此以象征中国古建筑艺术氛围的红、黑、金三种传统色调，作为“变形虫”公开展览的年度主题，并在1991年以“中国印象”为名，汇编出版了变形虫设计协会年历笔记书。

穷极生变：做设计就是要不断思考

就设计的图像语汇而言，霍荣龄的作品辨识度极高，大多有着鲜明的中国古典元素，背景常以纪实的摄影图像为基础，色彩上偏好使用红、黑、黄、蓝等传统原色调，字体常使用早期印刷铅字的宋体字或明体字为基本原型（Archetype），兼具东方古典华丽与现代简约的双重特质，看起来大气而不失时尚感。

有趣而值得一提的是，霍荣龄早期的平面设计作品一度出现“面具”主题，如1979年的“中韩现代艺术群展”海报设计，其灵感源头是某天她在韩国民俗村，向一位老先生买来用布跟纸缝制的手工面具，她觉得面具构件有很多民间工艺制法，很有趣，把它当作一个戏剧性的视觉元素，用来拍摄某些封面题材。后来，霍荣龄因缘际会地参与筹划“兰陵剧坊”舞台剧《代面》，里头有一出戏就是让演员戴上面

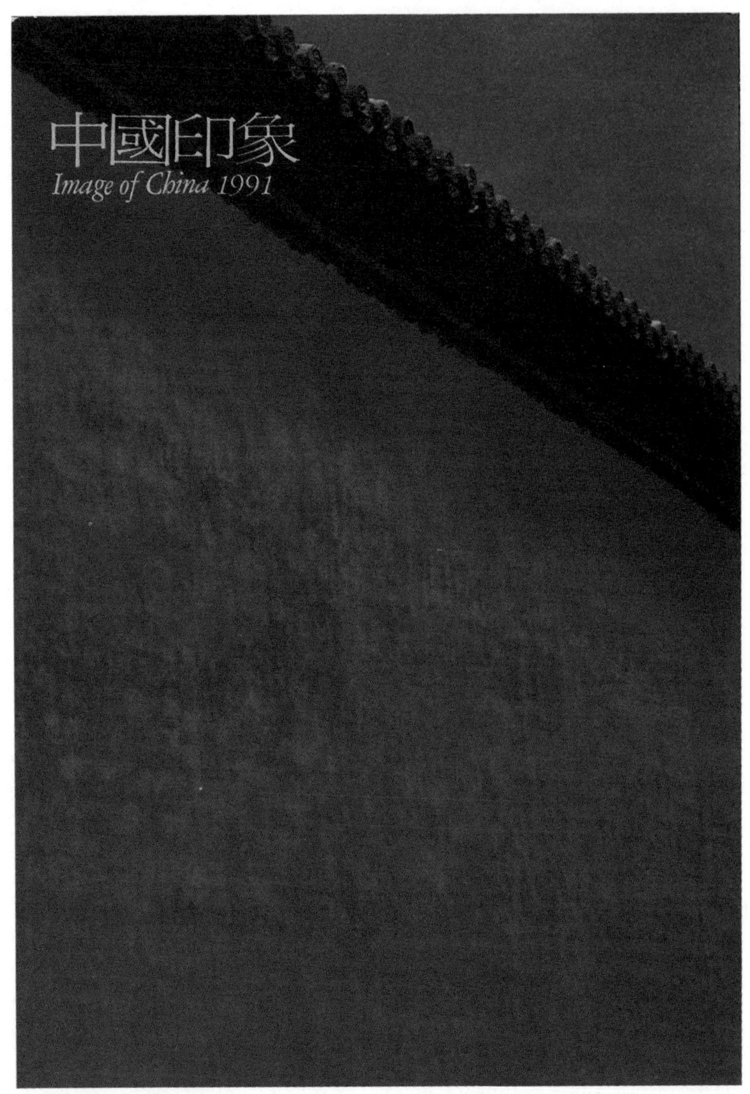

占满整个空间的浓烈红色城墙，点点斑驳，仿佛诉说岁月离殇，弥漫着厚重的历史氛围。又给人一种几乎透不过气来的压迫感，唯一能够逃离、翱翔而去的，是画面一小角的自由的天空。

《中国印象》年历笔记书，1991，变形虫设计协会，摄影暨设计：霍荣龄

具登场。“一个人往往会有很多的面具，比方我今天很紧张，就像戴了一个很紧张的面具……”霍荣龄如是说道，“我们其实都是一直戴着不同的面具，来作不同的角色，像那出舞台剧《代面》也是这样子。”①

谈到书籍的编辑制作与封面装帧，霍荣龄认为最有趣之处，即在于借此机会，可将平日浸淫在东西方美术史传统或是游历海内外接触古文明的文化养分，一点点渗入脑袋里，然后慢慢地沉淀、消化、思考、反刍，最终潜移默化、重新诠释。“在你做出任何的创造成果之前，都一定会有某种程度的学习和创新，要有规律的东西，才会造就你思想的开创性。”霍荣龄表示，“但我也不觉得我的东西很成熟，即便到现在我也还一直在思考。”②

与其着重于最后创意的成功，霍荣龄反倒更强调过程中所遭受的挫折及失败。在她看来，在失败中学习，其实远比在成功中得到的东西更多。

“中韩现代艺术群展”海报，1979，设计：霍荣龄

面对传统与现代的交锋、东西方文化概念的差异，霍荣龄表示中国文字本身就是一种美学，其实就是一幅画。因此，在她四十年来率性恣意的创作生涯中，常偏好以书法字、传统铅字印

① 霍荣龄访谈，2014 年 8 月 12 日，于霍荣龄设计工作室。

② 同上。

《电影欣赏》双月刊第 2 卷第 1 期，1984

《电影欣赏》双月刊第 1 卷第 2 期，1983

摄影暨封面设计：霍荣龄

刷宋体或明体字作为视觉要素。

相较于早期手工图绘时代，封面设计大多属单纯的图案（Graphic）装饰，今日所谓的“装帧”并非只是平面图像，而是结合了印刷工艺技术，组成三度空间的结构体。她特别以建筑空间为例，其中尤以结构里的楼梯间为基础，贯穿了整栋大楼。倘若将书籍视为一个立方的结构体，则装帧本身最重要的关键，即在于书脊轴线能否撑起整个中心架构，画龙点睛，呈现出现代装帧书体的结构之美。

过去这几年，大陆设计环境的提升以及国际化的速度相当惊人，相较之下，台湾在艺术设计和文化创意方面的脚步似乎愈趋停滞不前。尤其在文化界与出版业，几乎所有出版社出书首先要考虑的，就是大众市场的成本精算，长此以往，创意也就往往有所局限。“相对于我们那个年代，当我们什么都没有的时候，你要怎么去做设计和表达创意？”看待台湾设计行业的未来走向，霍荣龄借由回顾以往生命经历而提出这样的大哉问。

至于该如何响应当前这个世代乃至于下一个世代的挑战，霍荣龄认为，唯有“穷极生变”。当你已经山穷水尽、退无可退，此刻的危机，或许便是转机。

四十年来走过山南水北、看遍江河百岳，由《综合月刊》开启了前卫新潮的“设计摄影”风格，伴随着云门舞集、新象艺术、兰陵剧坊从无到有的开创期，眼见人间沉浮起落、大悲大喜，乃至开创出一片广袤天地，霍荣龄的设计作品总是给人壮丽、清贵的磅礴气势，既有源远流长的古典韵味，亦是反叛潮流的艺术先驱。

《怀仁诗札》，张安平著，自印出版，2008，装帧设计：霍荣龄

一如霍荣龄曾经走过的这段历史，以往在岁月中逐渐远去的，都是每一代人青春的身影，而我们这一代人也终将开拓并走过属于我们自己的时代。

《顾正秋曲艺精华》，1997，辜公亮文教基金会，装帧设计：霍荣龄

早在1982年，霍荣龄就曾帮白先勇所制作舞台剧《游园惊梦》中饰演钱夫人的卢燕设计造型。二十多年后，白先勇又以结合现代与传统的美学为号召，改编制作了昆曲《青春版牡丹亭》，并请霍荣龄担纲设计专书《姹紫嫣红牡丹亭——四百年青春之梦》,共推出精装与平装两种版本。其中精装本只印少量，封面封底以织锦包覆,书盒采进口金箔纸，上面印有一幅烫金的古书版画，展现出非凡的华丽贵气。

《姹紫嫣红牡丹亭——四百年青春之梦》(精装)，白先勇著，2004，远流出版公司，装帧设计：霍荣龄

1997年，为祝贺辜振甫新建于中国信托总行大楼的演艺空间“新舞台”正式开幕，由辜公亮文教基金会提供资助，将一代京剧名宿刘曾复重要著作《京剧脸谱大观》的手绘原稿付梓成书，分藏于辜公亮文教基金会、台湾“中央”图书馆、加拿大东方图书馆、美国南加州大学图书馆、夏威夷大学等处。该书共收录京剧脸谱绘像666幅。辜振甫曾给予高度评价：“其色彩绚丽耀眼，掩映生姿；尤其笔法细致工整，栩栩如生，神形兼备，雅以为美。”加上霍荣龄典雅细致的装帧设计，堪称珠联璧合、相得益彰。

《京剧脸谱大观》，1997，辜公亮文教基金会，装帧设计：霍荣龄

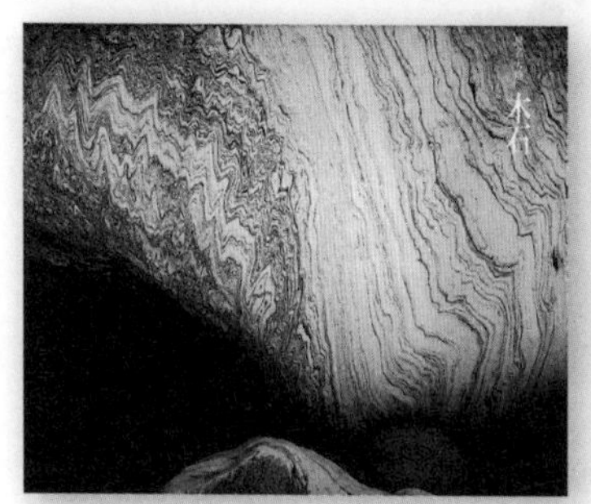

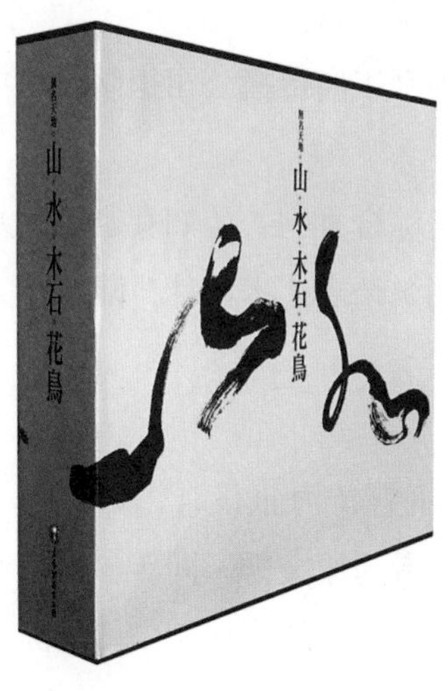

霍荣龄曾为台湾各“国家公园”设计多种书籍及文宣。由太鲁阁“国家公园”管理处出版的《无名天地——山·水·木石·花鸟》，书名出自老子《道德经》：“无名天地之始，有名万物之母。”用来象征体现大自然之美。封面以摄影作品为主要视觉，封底则除了书名与出版者外，只印由毛笔写的大大“山”等字，像逶迤的山势，或断或续，或高或低，带给读者优美典雅的整体印象。

《无名天地——山·水·木石·花鸟》（共4册），安世中等摄影，蒋勋诗文，太鲁阁“国家公园”管理处，装帧设计：霍荣龄

霍荣龄　年谱

早年嬉皮与波西米亚风格装扮的霍荣龄，犹然带有那个年代浓厚的浪漫气息。（霍荣龄提供）

1960 进入台中女中就读，1966年毕业。

1969 艺专美工科毕业，同年进入国际工商传播公司担纲美术设计，并开始自学摄影。

1972 进入“现代关系社”，担纲《综合月刊》《妇女杂志》《小读者》与《现代管理月刊》杂志艺术设计，陆续接触报道摄影工作。

1978 担任仕女杂志社艺术指导。

1979 云门舞集举办秋季公演，担纲宣传海报设计，以林怀民舞作《女娲》为主视觉，舞者为原文秀。同年参加第五届“中韩现代艺术展”（台北）及第二届“中韩国际

GRAPHIC 展”（汉城）。

1980 云门舞集举办春季公演，担纲宣传海报及文宣设计。同年担任新象活动推展中心艺术指导，并以新象主办第一届“国际艺术节”海报设计获颁台湾“美术设计展”印刷设计类首奖，以及纽约国际艺术海报奖金牌。

1981 加入“变形虫设计协会”。担纲《天下杂志》创刊艺术指导。以“陈氏图书公司”海报设计获颁台湾“美术设计展”印刷设计类第二名；以新象主办第二届“国际艺术节”海报设计获颁纽约国际艺术海报奖银牌。

1982 担纲“文建会”“文艺季”出版品及平面设计。

1984 担纲《联合文学》创刊美术设计。

1986 担纲《远见杂志》创刊艺术指导。

1987 担纲《自立晚报》关系刊物《台北人》创刊美术设计。担纲中正文化中心两厅院开幕季系列海报及节目册设计。以《大自然》季刊获颁金鼎奖“最佳杂志美术设计”。

1988 联合报系《联合晚报》创报并首创横版设计，担纲艺术指导。

1989 前往祖国大陆，相继造访北京、西安陕北黄土高原。

1991 成立“霍荣龄设计工作室”。

1993 以《中国古建筑之美》获颁金鼎奖“图书出版奖”。

1994 以《中国考古文物之美》获颁金鼎奖“最佳杂志美术设计”。

1996 以《福尔摩沙·野之颂》获颁金鼎奖“年度图书美术编辑”。

1998 担纲《康健杂志》创刊艺术指导。

1999 以稻田电影工作室作品《飞天》获颁第三十三届“金马影展”最佳造型设计奖。

2002　担纲《科学人》杂志创刊艺术指导。

2004　以《姹紫嫣红牡丹亭》获颁华语图书传媒大奖“艺术类图书奖”。以《金庸作品集》获颁台湾书籍装帧设计展“版式设计铜奖”。

2005　以《姹紫嫣红牡丹亭》获颁“中国之星设计艺术大展”“装帧类最佳设计奖”暨金蝶奖“整体美术与装帧设计套书类荣誉奖”“单行本文字书类荣誉奖”。以《金庸作品集》获颁金蝶奖“整体美术与装帧设计套书类荣誉奖”。

2007　担任第四届“金蝶奖——台湾出版设计大奖”评审。

2009　以太鲁阁“国家公园”《无名天地——山·水·木石·花鸟》入围金蝶奖“整体美术与装帧设计套书类荣誉奖”。

2015　远流出版公司发行《凝视：霍荣龄作品》一书问世，并获颁金蝶奖荣誉奖、海峡两岸书籍装帧设计邀请赛“十大最美图书”。

《台湾映象》（*Images of Taiwan*），1983，浩然基金会，摄影：郭英声，装帧设计：霍荣龄

《雄狮美术》自1985年1月改版至1996年9月停刊，杂志封面乃至于企业标志、海报文宣与重要出版品等，皆由霍荣龄操刀。

《凝视：霍荣龄作品》，2015，远流出版公司，装帧设计：霍荣龄

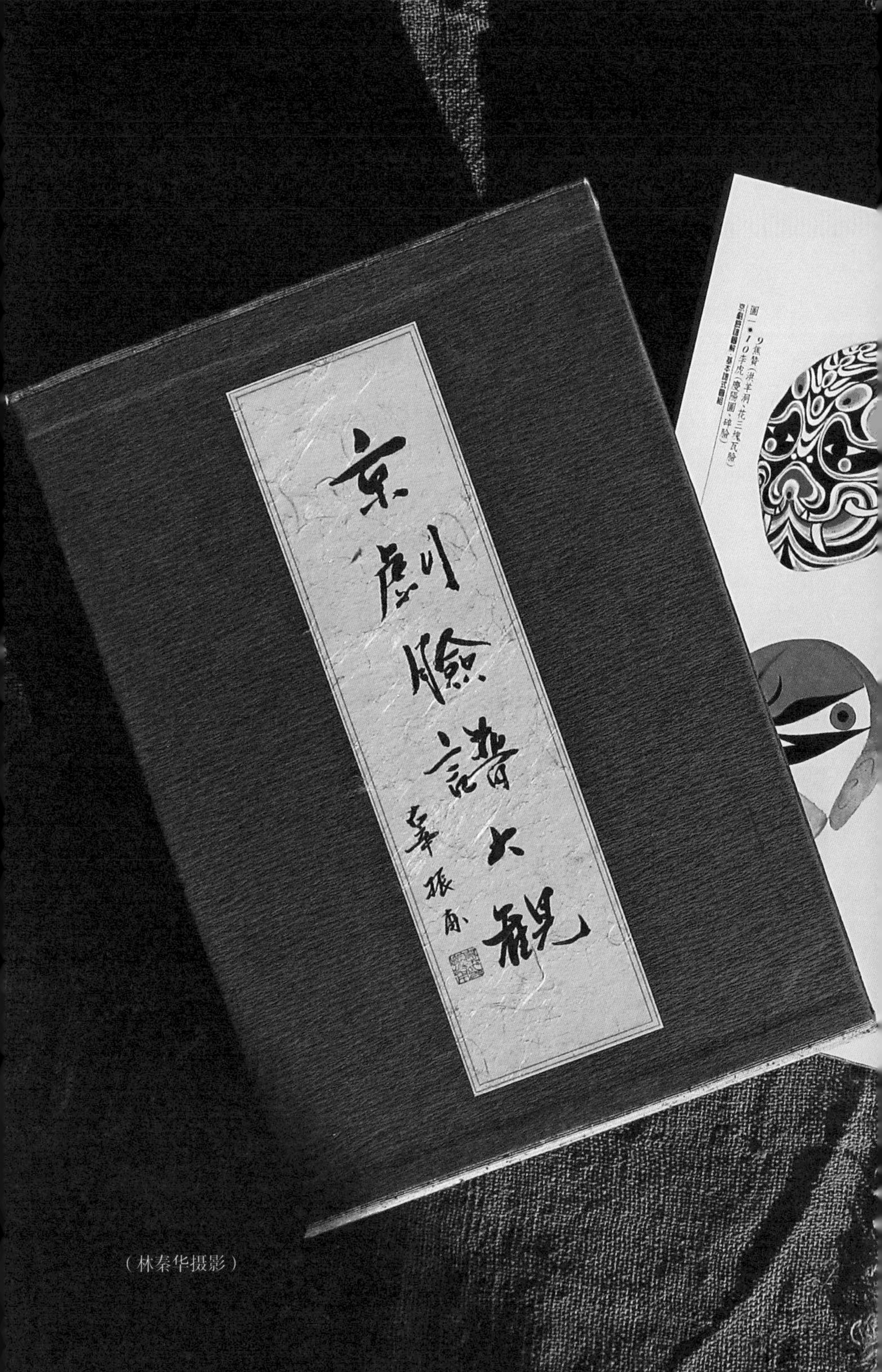

（林秦华摄影）

66

百家争鸣一时代

林崇汉　徐秀美　吴壁人　阮义忠

手绘插画创作群像

插画（Illustration）技艺在平面设计的应用相当广泛，举凡书籍、杂志、报纸、海报文宣与教科书等，均可借由线条、色彩和造型的图画，结合文字、故事和思维意念，做各种视觉呈现。而台湾早期许多书籍装帧与平面设计工作者，同时也都是优秀的手绘插画家。

战后以降，大约20世纪70到80年代，正值台湾书籍报刊印刷技术变化最大的时期，从最初普遍使用的传统铅印活字排版，逐渐演进，代之以色调丰富、适于表现黑白层次的平版印刷与照相打字，后来再慢慢进入计算机组版、全面彩色印刷的数字时代。

这段期间，出生于台湾岛内的艺术科系毕业生，常徘徊踌躇于纯艺术（Fine Art）与设计（Design）间苦寻创作出路，不少人为了谋求生计，辗转投入报纸副刊与文学杂志插画的行列，遂成为战后第一代专职的插画家和美术编辑。诸如《中国时报》的孙密德（1936—　）、林崇汉（1945—　）、李男（1952—　），《联合报》副刊的霍鹏程（1947—　）、陈朝

林崇汉提供

徐秀美　李志铭摄影

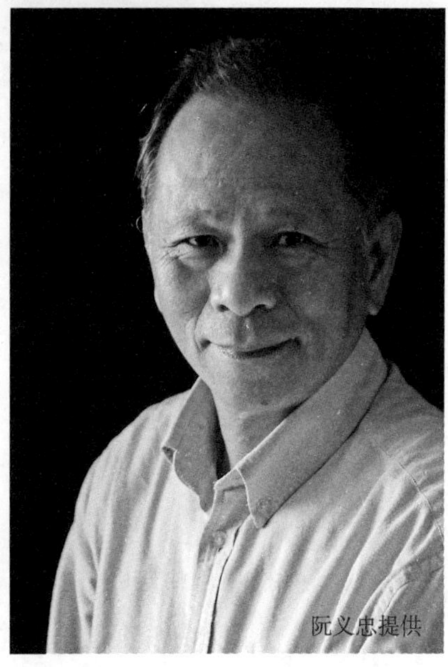
阮义忠提供

宝（1948— ）、徐秀美，《皇冠》杂志的高山岚（1934— ）、夏祖明（1937— ）、吴璧人（1954— ），《幼狮文艺》的阮义忠（1950— ），以及《文讯》杂志的任克成（1955— ）等，堪称一时之盛。他们运用在学院或个人修习而来的绘画技艺与视觉美感，调和报刊媒体的版面比例（Layout Proportion）、图像构成（Composition）及文字编排（Text Layout），不唯兼顾图文版面的呼吸与吐纳功能，并发挥装饰性与美化版面的效果，且因他们大都是出于业余兴趣及对文学的热衷，所以也经常跨刀协助文学界的作家们绘制书籍和杂志封面。

对于这些早年在艺术道路上披荆斩棘的插画创作者来说，当时正兴盛的报纸副刊与文艺杂志等媒体版面，可说是提供了一个得以自由发挥的重要舞台和发展空间。1979 年由《中国时报》“人间副刊”开风气之先、盛大举办的“人间插画大展”，更持续吸引不少年轻艺术家为副刊绘制插画，发表了无数动人心弦的作品。尽管他们往往涉猎范畴甚广，插画不过是多面才华之一——例如林崇汉从事插画之余也写推理小说、钻研命理哲学和佛学；徐秀美除绘画之外还涉足服装造型、室内设计、雕塑家具与公共艺术等领域；吴璧人早年原本从事书刊平面设计及绘制琼瑶小说插画工作，后来更逐渐跨行投入首饰珠宝设计，甚至转而钻研占星学与塔罗牌等领域；阮义忠结束插画生涯之后长期投入纪实摄影创作，却仍因过去常在报纸或书刊封面举行“纸上画展”（发表插画作品）而让读者留下深刻印象。

总的来说，彼时许多活跃于各种刊物与文艺领域的美编设计人才，犹如异峰突起、百花齐放，形成了多样化风格汇聚的时代群像，甚至带动革新潮流，强化了插画本身作为一门艺术的地位。

惊心动魄的冷冽与沧桑——林崇汉的反骨鬼才

“从前，寂寞和孤独占我前大半生，所以我的画面充满了颓败、斑剥和痛苦的挣扎……断残的石雕、长满青苔的破墙、苍老的树干以及垃圾充塞的角落，但我内心依然保有对圣洁、光灿的女神强烈的向往。如今，深觉人生苦短，何必自囿于痛苦的沉耽，何不尽情讴歌生命之美呢？”

——林崇汉谈插画家的文学意象[①]

1945年林崇汉出生于高雄旗山，自云从小资质驽钝，“用一个字形容就是‘憨’，人生第一次阶段性开窍是在小学六年级。”[②]尽管当时家中并没有购置书籍或画册，他却喜欢在地板或学校黑板上涂涂抹抹。后来因缘际会拜访了邻近同学家开设的裱画店、佛像雕刻店，就在平日进进出出、耳濡目染之下，养成了对人物造型与线条的观察能力及绘画兴趣。

之后他又偶然从家中翻找出了一套老旧的、从日据时代遗留下来的日文版《大和百科全书》，里头有许多印刷精美的世界名画以及各种彩色图片，包括像是米开朗琪罗（Michelangelo, 1475—1564）描绘肌理表情的戏剧张力，马蒂斯（Henri

① 引自雷骧等著，2001，《联付插画五十年》，台北：联经出版社，第16页。
② 林崇汉，2015年7月28日，电子邮件通信访谈。

《鸡翎图》，张大春著，1980，时报出版，封面绘制：林崇汉

Matisse, 1869—1954）对于色彩和线条构图的形象概念，以及达利（Salvador Dali, 1904—1989）大胆实验自由拼贴具象物体的超现实画风等，每每令他从中吸收不少西洋美术的视觉养料，获益匪浅。

中学时期，受教于前辈画家杨造化与沈铠[①]的影响启蒙，早显过人才华的林崇汉经常参加校内外各项墙报、水彩与漫画比赛，屡获佳绩，还得过全县水彩写生比赛冠军，堪称锋芒毕露，名闻全校。19 岁时（1964）如愿考上师大艺术系，自此开启了他与艺术相伴的创作生涯。

“在进入师大之前，”林崇汉表示，“因为小时候偏食、身体不好，常以为自己不会活超过 20 岁，故而对未来从未抱持任何志向和憧憬，甚至以为自己可能会去出家当和尚。”[②]敏锐而易感的早慧心灵，让他从青年时代起便带有浓厚的遁世倾向，乃至后来陆续接触《愣严经》《金刚经》等佛学经典，并研读《易经》、阴阳五行，且从中发现美学艺术的原理精髓，这些俱成为林崇汉往后从事绘画创作和设计工作的主要滋养来源。

甫从师大艺术系毕业不久，因曾在校内自修学习日文，林崇汉开始协助《音乐文摘》翻译音乐方面的文章，同时也帮忙绘制一些封面插图。服役期间，无意中读到吴俊民的三册《命理新论》，让他初次感受到八字、阴阳五行和美学之间仿佛有

---

① 沈铠是林崇汉的中学美术老师。1962 年曾联合高山岚、林一峰、张国雄、叶英晋、黄华成、简锡圭等师大艺术系校友，以提升设计水准为目的，共同举办了台湾战后首个设计展“黑白展”，也曾在《幼师文艺》《小说创作》等杂志撰文或插画配图，颇受好评。

② 林崇汉，2015 年 7 月 28 日，电子邮件通信访谈。

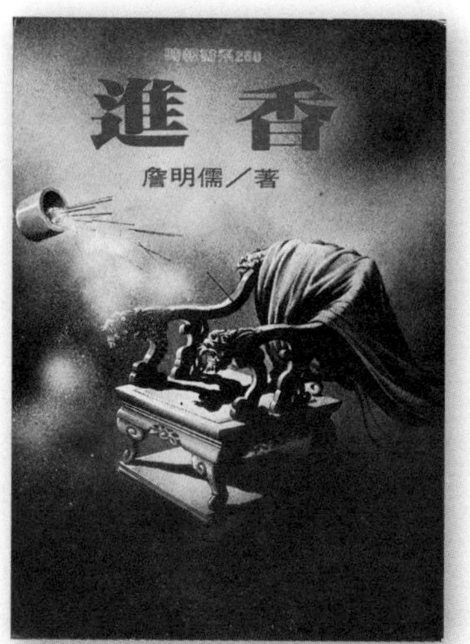

《天堂鸟》，黄海著，1984，时报出版
《伏虎》，张贵兴著，1980，时报出版
《赖索》，黄凡著，1980，时报出版
《进香》，詹明儒著，1980，时报出版

封面绘制：林崇汉

着某种奇妙的关联，于是开始研究相关知识，久而久之也就慢慢酝酿出一些关于美学哲学的思考和体悟。1973 年起，林崇汉更以“林宜学”为笔名，陆续写作有关《易经》、阴阳五行题材的《中国占卜奥秘》《中国预言之谜》《秘术奇门遁甲》《住宅风水与设计》等书。

服完兵役，林崇汉自愿分发回到自己的故乡旗山任教，当了几年的中学美术老师，直到 1978 年受“人间副刊”主编高信疆的力邀，遂进入《中国时报》担任美术编辑。当时正值岛内报业发展及副刊文化鼎盛的黄金年代，其中尤以《中国时报》《联合报》两大报发行量广，副刊稿费高、影响力既深且巨。起初林崇汉不太能够适应报社固定上班的工作模式，几度提出辞呈，却屡因高信疆的劝说而留任，如此前后在《中国时报》待了约十年，这段经历毋宁也成为他迈向艺术人生的重要转折点。

“我觉得自己没什么艺术天分，但测量、模仿能力还不错，擅长对形象的推理与记忆。”自认天生反骨且率性的林崇汉表示，“大学毕业以后没有老师和同学，想画什么就画什么，那时插画没有写实的，我的东西太写实，常常细致到报纸印不出来。”[①] 任职报社期间，林崇汉开始大量阅读许多作家的文章作品，深入内容、咀嚼再三，并不断尝试各种图文对话的可能性，且多方运用超现实画风的表现手法。有时他一幅插画作品的气韵甚至还胜过长篇文字的力量，借由图画元素引导读者的阅读视线，将整幅副刊版面视为一个会呼吸、流动的画面，包

① 引自周美惠、罗嘉薇报道记录，《名人对谈——吴炫兰、林崇汉：〈画出天才与天敌〉》，《联合报》，2006 年 6 月 30 日。

对于书籍的文本内容，林崇汉自有一番独到看法，他认为真正的好文章，单凭文字本身便已完美自足，不需要添加多余的视觉图像或插画元素来帮衬，因此设计者必须另辟蹊径，自己创造画面来与它一搭一唱。

《关于诗》是陈育虹的第一部诗集，找来林崇汉为每一首诗绘制插图，内文各章节皆以花语命名，包括“卷一：莲说”“卷二：窗台上的白山茶”“卷三：水仙”，封面淡彩画作亦出自作者陈育虹之手，让全书充满古朴的禅韵，简明而深厚的意象。阅读时，不妨泡一盏茶，让意识浸淫在茶香与书香、诗意及画意里。

《关于诗》，陈育虹著，1996，远流出版公司，内页绘图：林崇汉

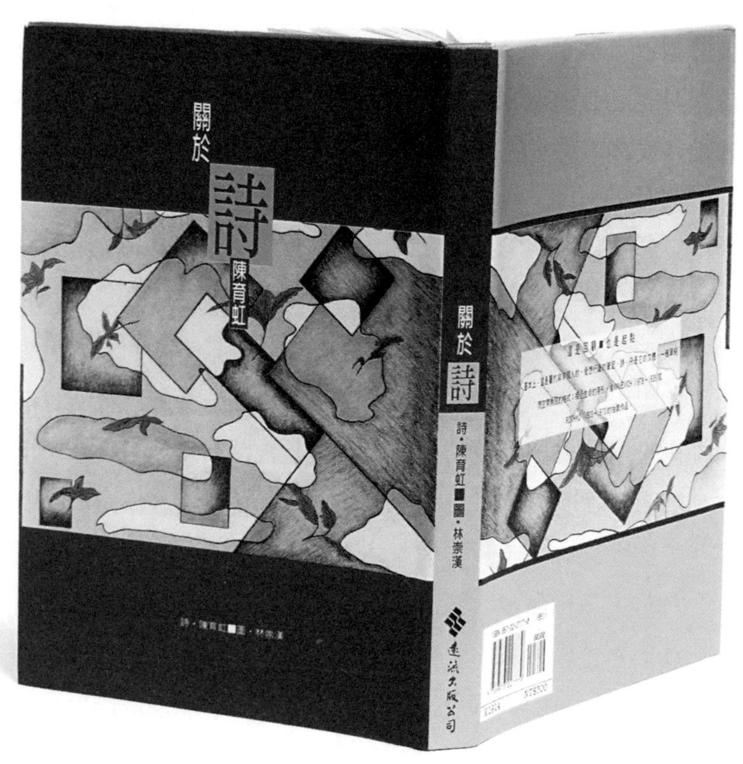

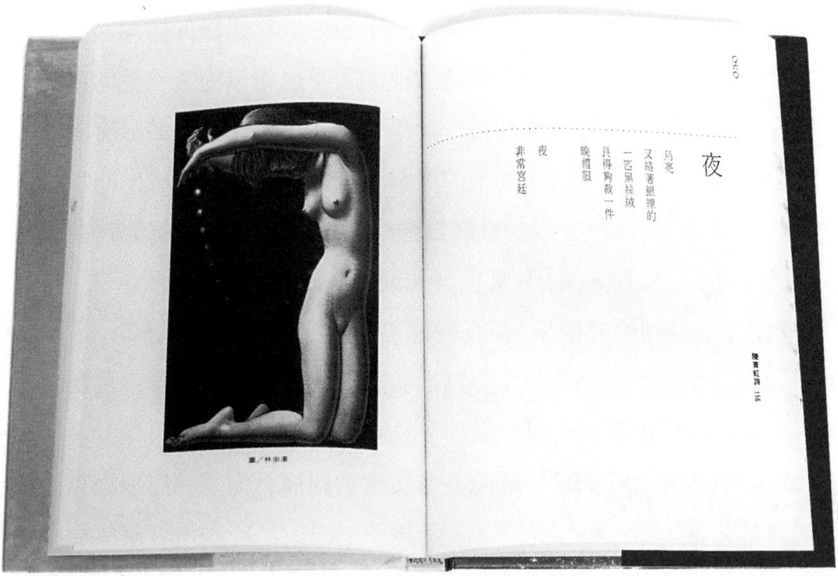

圖／林宗漢

夜

烏亮
又絡著銀線的
一匹黑絲絨
長得夠裁一件
晚禮服

夜
非常宮廷

圖／林宗漢

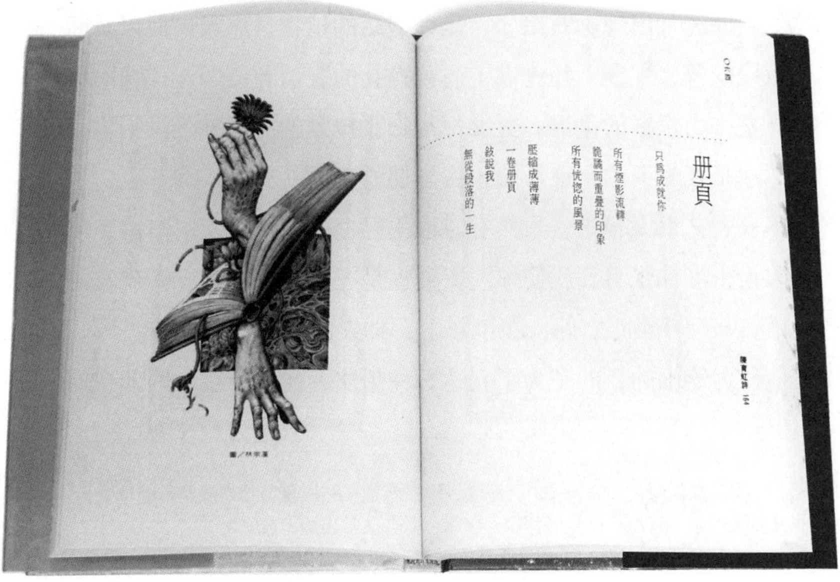

册頁

只爲成就你

所有煙影流轉
詭譎而重疊的印象
所有恍惚的風景
壓縮成薄薄
一卷册頁
敍說我
無從段落的一生

括构图设计、排版、画图，全部一手包办。林崇汉的插画才华常让报纸读者感到惊奇，但熟悉他的人早已习以为常，他的个性虽然淡泊，看待艺术却是一丝不苟的，即使见报作品只有三公分见方，仍然用创作油画的严肃态度来处理。

如是，高信疆曾给予极高赞誉："林崇汉的插画，结构雄浑，感觉细腻，尺幅之间，常常饱含天地的浩渺与人世的沧桑。……每次，接触到他的作品，都有一种视觉的惊奇与心灵的撼动。"[①]《联合文学》创办人张宝琴则形容林崇汉的作品"好像会挥出一拳，击中读者的心灵"。

对于林崇汉而言，插画并非文字的附属，而是一门独立存在的艺术。

从形象语言来说，林崇汉的副刊插图与书封画作大多有着强烈的戏剧张力，不时刻画人体精实且偾张的身躯肌理，背景画面经常出现砾石山岩、盘根纠结的植物、斑驳墙面以及断垣残壁等，主题人物充满了痛苦挣扎的表情与姿态。"我的世界是张力很紧的世界，男女都是膨胀拉紧的。"林崇汉指出，"这是我先天的个性影响，我早期的素描就有潜伏的基因，我不喜欢艺术太轻松，虽然有时也用轻松的笔调，留了空白，但因为密度和张力，我使那虚置处也是充塞，这样才能表现我的语言。"[②]除此之外，在色彩上，林崇汉也倾向使用冷色调。他认为绘画的目的是为了表达一种想法，而非情绪。因此在他

---

① 高信疆，2006，《山奔海立，纵横八荒——回首与林崇汉共事的日子》，林崇汉作品《诸神黄昏》推荐序，台北：联合文学出版。

② 林清玄，1982，《向隐逸告别——与林崇汉对谈》，《在刀口上》，台北：时报出版，第110—117页。

这是林崇汉早年罕见以设计摄影方式制作的书籍封面，照片门缝里的书堆是林崇汉家中的私人藏书，上面摆设的小雕像亦是他的硬黏土雕塑作品，年代久远也踪迹邈邈。

《书中书》，苦苓著，1986，希代出版，封面设计：林崇汉

《你是音乐家》，游昌发著，1979，时报出版，封面设计：林崇汉

《耳目书》，西西著，1991，洪范书店，封面绘制：林崇汉

《劫后西贡》，欧清河著，1981，时报出版，封面绘制：林崇汉

《中国大陆抗议文学》，高上秦主编，1979，时报出版，封面绘制：林崇汉

的绘画里，比起形象，色彩往往居于较次要的地位，它并非不重要，而只是依照形象的需要来做选择。

1983年高信疆从“人间副刊”卸任离职，1989年，时任《联合报》副刊主编的痖弦邀林崇汉转往《联合报》，担纲美术顾问并专事插画创作。2005年至2006年间，林崇汉接连出版了《梦的使者》《诸神黄昏》两本画集，迄今为止，林崇汉仍接受《联合报》副刊的稿约，持续有插画作品登载。

谈到当今面临信息爆炸的时代，台湾新一代设计师的书籍装帧在质感上尽管已是愈益细致、精美，却也有读者认为有些过度包装（over design）之嫌，即注重第一时间抓住读者目光的吸睛效果，更甚于顾及长期阅读的需求。对此，林崇汉表示，如今各行各业为了表现在专业领域的突出地位，难免各出奇招。而当前在绘画、设计、电影等艺术领域，亦皆因数字科技的日新月异，表面上呈显惊人的狂飙巅峰状态，但实际上，不论精神文明或地球现状却都已经出现疯狂败坏的明显征兆。“我常认为时代不是在进步，只是在变化，而且是在过度发展而迈向溃败。”林崇汉不禁感叹，“其实，我也已经习惯了某些现代的极简主义和现代电影的快速节奏及表现手法，知道根本退不回西洋产业革命前干净地球的生活幻想，但是对科技的戕害仍然感到忧心忡忡。”①

毕生游走于绘画、美术教育、插画、设计、命理、推理小说、佛学与哲学之间，还从中国阴阳五行术里发现美的原理，林崇汉认为，任何一个文明社会再怎么高度发展，合理、经济、

① 林崇汉，2015年7月28日，电子邮件通信访谈。

真实应该都是最重要的原则，绘画与设计当然也不例外。无论是有感而发进行绘画创作，抑或应出版社、业者需求而设计封面、海报乃至建筑空间，尽管因目的、材料和当下时空感受的不同，导致作品形态各异，但所秉持的美学理念却是毫无二致的。

林崇汉　年谱

1945　出生于高雄旗山。

1964　考入师大艺术系就读。

1968　师大艺术系毕业，进入旗山中学担任美术教师。

1970　赴金门服兵役，开始对中国哲学发生兴趣。

1971　役毕，进入永和中学教书，并开始在李哲洋主编的《全音音乐文摘》发表翻译文章。

1973　开始兼职室内设计等设计领域工作。

1976　参与编译《新潮文库》，出版《西洋神话故事》。

1979　受高信疆之邀，参与《中国时报》“人间副刊”举办的“人间插画大展”，自此开始为副刊绘制插画。同年为《新潮文库》创办人张清吉在天母的住家完成建筑设计。

1980　在台北“春之艺廊”举办首次插画个展。

1983　获颁“中华民国国画学会”金爵奖。

1985　开始在《推理》杂志发表短篇推理小说，在《自立晚报》大众小说版发表长篇科幻小说。

1986　发表第一部推理小说《收藏家的情人》。同年组织个人漫画工作室，并发表科幻小说《从黑暗中来》（先在《自立晚报》连载后由希代出版）。

1988 获邀参加台湾美术馆开馆展览。同年担任希代“小说族”总编辑。

1989 进入《联合报》担任副刊美术顾问。同年获邀参加浙江杭州艺专“国际华人画家人物画展”（联展），首度赴大陆参访。

2005 发表《林崇汉作品集 1——梦的使者》。

2006 担任《联合文学》艺术指导。同年发表《林崇汉作品集 2——诸神黄昏》。

2010 参与新竹县政府文化局举办“师大美术系五七级联展”。

林崇汉在自己画作前。2010 年摄于竹北文化中心展览会场。（林崇汉提供）

音樂家
游昌發／著
時報書系236
賴索
黃凡／著

（林秦华摄影）

忧郁如梦一般流淌——徐秀美的画梦人生

早年喜欢阅读倪匡科幻小说与英国古典推理女王克莉丝蒂侦探小说（由三毛挂名主编）的五六年级生，想必都对徐秀美在远景出版社时期的插画封面不陌生。

她以简略写意、灵动如水的笔触，挥洒着流云般的线条，用绮丽缤纷的色彩，渲染着对未知境界的探索与幻想，描绘出光影交织的迷蒙氛围，朦朦胧胧得像温柔的梦。在徐秀美笔下，人物主角虽不乏悲伤、忧郁和苦闷的情绪，却也同时流淌着炽热的情愫，洋溢着对美好未来的向往及眷恋，情感纤细微妙，意境朦胧如雾，多年来在许多读者心中历历如绘，百看不腻。

战后出生于台北，在那物质环境不甚丰裕的年代，自幼喜爱画画的徐秀美就在涂涂抹抹间度过了童年时光。小学三年级开始，她跟着家人到戏院看电影，“银幕上连续闪动的画面，诉说着一个个自己似懂非懂的情节。看着看着，竟为剧中人物的遭遇，莫名地激动着。终场灯亮时，照着一张给泪水糊了的小脸……”[①]徐秀美如是回忆道，“小时候，由于家中经常搬迁，一个地方、一个环境才刚刚适应，刚刚熟悉的时候，又要搬家到另一个全然陌生的新环境，于是就读

① 王哲雄，1990，《忧郁美学的新图像——评徐秀美近作展》，《艺术家》，台北：艺术家杂志社，第329—331页。

《流离》，苏伟贞著，1989，洪范书店，封面绘制：徐秀美

学校、人际关系也跟着不断地变迁。”[①] 这不仅造成了她小小心灵的无根状态与不安，日后亦逐渐扩展为一种蕴藏苦闷、感伤与轻愁的忧郁美学观。

及至中学时期，在校修习绘画与书法课程，更让她进一步对艺术产生浓厚兴趣。课余闲暇时，徐秀美喜好翻阅各类报刊与漫画书（特别是早期的日本漫画）。一次偶然的机会，她在书摊上看到一份由香港美新处发行的《今日世界》杂志，发现里头刊载了画家高宝（又名白羽）的插画作品，大为倾服。彼时仍就读初中的她，即尝试以电影分镜的概念画出了一幅幅连环画作《黑虎金娃》，发表在著名的漫画杂志《天龙少年》半月刊。16 岁时又在《模范少年》月刊发表一套电影故事漫画《烽火钟声》，画风颇有大师陈海虹的影子。之后，她顺利进入复兴美术工艺学校就读，自此踏上了她的绘画创作道路。

19 岁那年（1969）从复兴美工毕业后，徐秀美进入联合设计公司担任美术设计，同时她也逐渐对电影产生浓厚兴趣。后来在偶然的机缘下，她离开了服务两年的设计公司，转而进入达达影视从事广告影片拍摄工作。在这里，她有效地运用学生时代所受到的扎实绘画训练，以及因热爱电影而学到的分镜、运镜等图像处理概念，竟一手包办所有相关的美术企划、导演和制片工作，乃至摄影画面的美学、场景的调度等。通过跨界整合，徐秀美在广告影片的企划脚本中充分发挥这些领域专长，据说她的脚本企画是当时全台北最好的，深受

① 王哲雄，1990，《忧郁美学的新图像——评徐秀美近作展》，《艺术家》，台北：艺术家杂志社，第 329—331 页。

徐秀美喜欢在画面中保有某种程度的空白，认为留白可以营造舒适感，并让观者的思想游走其间。一如世间人情往往很难具体说明，透过空白，常能表达出更强大的力量。

《暗夜》，李昂著，1985，时报出版，封面绘制：徐秀美

业主喜爱。

就在她完成多部广告作品之后，向来喜欢挑战与学习新事物的徐秀美再度转换工作跑道，前往中国电视公司担纲美术指导。由于中视的待遇环境与福利甚佳，且上班不必打卡，让徐秀美拥有较弹性的空间可以挥洒，一待就是 6 年（1972—1978）。

这段期间，徐秀美主要负责电视台的场景布置、美术图像与平面设计，工作环境相对安稳。彼时皇冠杂志社发行人平鑫涛正兼任《联合报》副刊主编，他相当欣赏徐秀美的画作，于是便邀请她替《联合报》绘制插画，并且为《皇冠杂志》即将连载的琼瑶作品《浪花》与《女朋友》绘制小说插图，以及这两部小说单行本的封面设计。之后，徐秀美旋即

以独特的水墨晕染、深具抒情风格的插画创作活跃于台湾各大报纸和杂志版面，包括《中国时报》《联合报》《中华日报》《自立早报》《自立晚报》《自由时报》《皇冠杂志》与《幼狮文艺》等，以及许多著名出版社如远景、联经、远流、长桥、时报、洪范与麦田的书籍封面绘图与插画设计，也都常由她包办。

大体而言，徐秀美的插画以人物为主，且多数是女性，画面中潇洒流落而又带些颤抖的抒情线条，勾勒出一个个冷峻的表情、张不开的眼睛，以及瑟缩的躯体，疏离且扁平的，像是深深压嵌在扉页底层。她透过看似不经意、淡淡的渲染手法，一层层彼此交叠，所形成的写意气韵，不禁让人联想到倪匡早期科幻小说里，描写主人翁被吸进异次元空间的某种诡异情调，于焉构成了所谓“徐秀美风格”的最大特色。

《女朋友》，琼瑶著，1974，皇冠出版，封面绘制：徐秀美

事实上，当年她为远景绘制的倪匡小说（全套共四十四册）封面插画，不唯令广大读者印象深刻，更深受作者本人的喜爱，倪匡认为：“画面中线条全是震颤的，有一股凄迷的震栗感，如梦幻又如真实，完全将小说里的惊栗感都表现

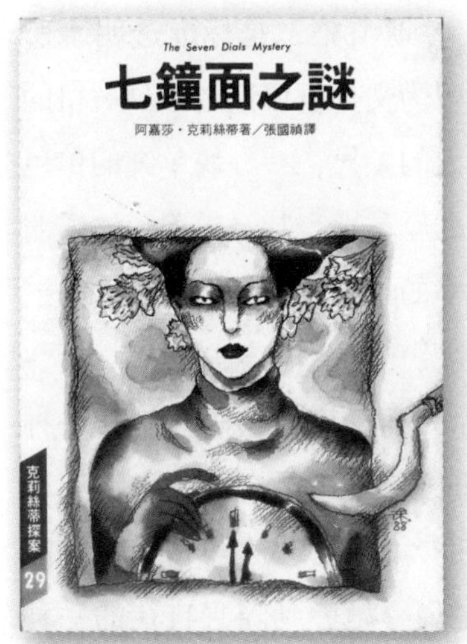

线条与渲染是徐秀美插画的最大特色，针笔的浓黑线、淡雅的铅笔线以及勾勒白描的毛笔线等不同质感、不同工具的线条交互运用，交织出一幅线条的梦幻曲。

《克莉丝蒂探案》小说系列，1988，远景出版社，封面绘制：徐秀美

《倪学：韦斯利五十周年纪念集》，王君儒等著，2013，丰林文化，封面绘制：徐秀美

出来。”①

倘若以线条本身的个性来阐述插画家的意念，那么徐秀美的画作线条往往让人感觉介于真实与虚构之间，并且具有某种强烈的暗示及流动意味。毛笔、针笔、水彩笔是徐秀美常用的工具，除了广告颜料与水彩颜料之外，有时她也加入少许粉彩。“她是一小块一小块层层叠叠地渲染，是标准透明水彩的表现方式。”画家学者苏宗雄曾为文分析评论她独具一格的渲染手法，与一般插画家有着甚大的差异，“一块单纯的单色经过多次重叠后，所表现出特殊的厚重感，却又带着无比透明的深度。所以，也许只是朴实无华的单色表现，但架构出的层次变化，远胜于多彩艳丽的画面。”②

对于不喜爱被成规束缚的徐秀美来说，绘画可说是一种最亲切的表达媒介，她不仅透过画笔来记录自己的生活，也借以抒发工作上的压力。不需耗费太大的心思与精神，就能将自己的想法传达出来，毋宁是最令她感到随兴自在的一种

① 王蕾雅，2003，《徐秀美插画风格分析与时代意义》，台湾科技大学硕士论文，第58页。

② 蔡宗雄，1982，《线条与渲染交织出的“徐秀美风格”》，《艺术家》，第231—233页。

倪匡的小说搭配徐秀美的插图，每每令读者引发某种诡异的视觉幻想：黑色线条，近乎单色系的水墨晕染，安静冷淡的人物表情，仿佛遗弃人群、同时也被人群遗弃的悲哀。在这些非常“徐秀美”的画面氛围下，每一张脸孔是一个孤独的灵魂，曾经陪伴许多读者度过梦般年少。

《倪匡科幻小说》系列，1980 年代初期，远景出版社，封面绘制：徐秀美

表现形式。

然而，正当徐秀美在插画及美术设计界名声渐起、自创出特定风格之时，她又兴起跳脱既有熟悉环境的强烈念头，想尝试开拓另一新的领域。20 世纪 80 年代左右，她以“徐秀嘉”之名，与友人合伙创立服装设计品牌“爱门服饰”并担纲创意总监，一手包办所有对外的广告宣传及艺术设计。1983 年，她又毅然决定放下一切，走出台湾，只身前往美国纽约帕森斯设计学院（Parsons School of Design）进修，其插画作品刊登在美国著名的设计杂志 *Savvy*、*Gourmet* 与 *Print* 上。及至翌年游学生活告一段落、返台以后，徐秀美还陆续涉足室内空间、雕塑家具及公共艺术等领域。对此，徐秀美调侃自己像是缺氧的人，总在做新的尝试，似乎只有如此才能有足够的空间可以呼吸。

1979 年徐秀美设计自创品牌“爱门服饰”广告海报。（徐秀美提供）

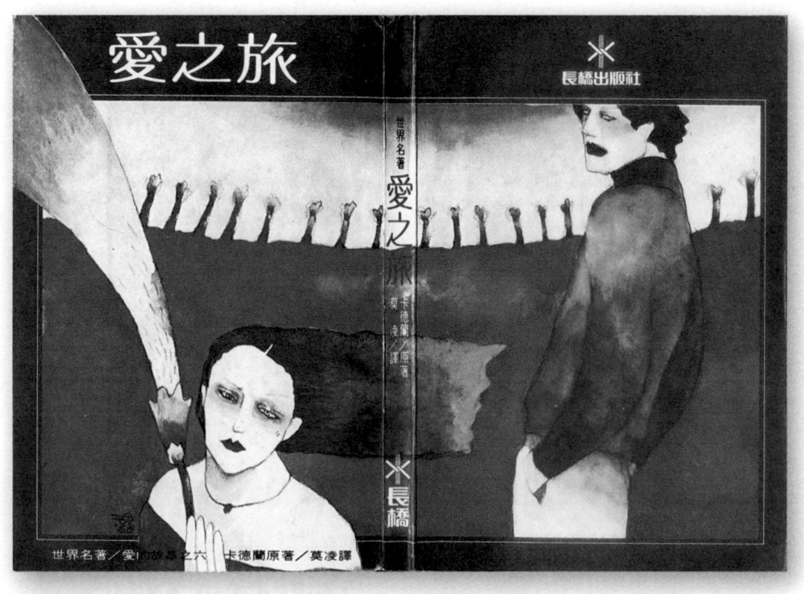

《爱之旅》《猎夫记》，卡德兰著，1977，长桥出版社，封面绘制：徐秀美

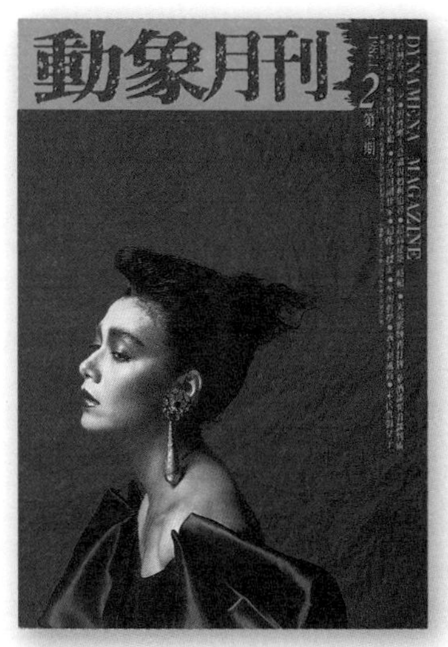

1986年12月至1987年3月，《动象月刊》从创刊号至第四期，包括封面模特儿的造型设计、化妆、灯光、摄影皆由徐秀美一手包办。缤纷绮丽的色彩，隐隐流露出一股优雅精致的东方情调，仿佛她笔下的插画女子走向真实世界，旖旎袅娜，恍似迷离春梦。

尽管徐秀美的创作媒材与表现形式多元，原则上却都不脱离探讨“人”与“空间”的生存处境，作为贯穿她所有创作的中心意念，诸如插画和绘画表现的是平面视觉空间、服装设计着重于身体空间、家具设计重视生活空间与身体的归属感，而公共艺术雕塑则是进一步关注城市地景与环境美学。

徐秀美强调，一幅美好的插画可以是艺术，一件优秀的雕塑或水彩油画也是艺术，任何形态的（艺术）作品只有好坏而没有类别高低。她表示无论从事插画、绘画或者其他各跨艺术领域，创作者都必须懂得不断从挫折、历练与重建中认识自己，将自身的特点发挥出来，以便创造不同的可能性及生机。她更认为好的作品总是能不断让人“回甘”（Sweet Aftertaste）[①]、细细品味，也唯有这样的作品才经得起时间的考验，历久弥新。

徐秀美　年谱

1966　在《模范少年》月刊发表电影故事漫画《烽火钟声》，画风颇有大师陈海虹的影子。

1969　复兴商工美工科毕业。

1970　进入联合设计公司，任职平面设计。

1971　进入达达影视公司，任职美术部副理。

---

① 王蕾雅，2003，《徐秀美插画风格分析与时代意义》，台湾科技大学硕士论文，第58页。

1972 进入中国电视公司，担任美术指导，并开始为平鑫涛主编的《联合报》副刊绘制插图。

1978 与友人合伙创立“爱门服饰设计公司”并担任创意总监。

1982 在台北春之艺廊举办插画个展，并由正文书局出版《徐秀美插画作品集》。

1983 赴美进入纽约帕森斯设计学院（Parsons School of Design）研习。

1985 美国纽约设计杂志 *Print* 介绍徐秀美插画作品。

1987 在台北福华沙龙展出“插画的世界”。

1990 出版个人插画作品集《图像札记》，并于台北永汉艺术中心及台中金石艺廊举行个展。

在创作上，徐秀美不断挑战自己、勇敢尝试，认为唯有如此才有足够空间可以呼吸。（徐秀美提供）

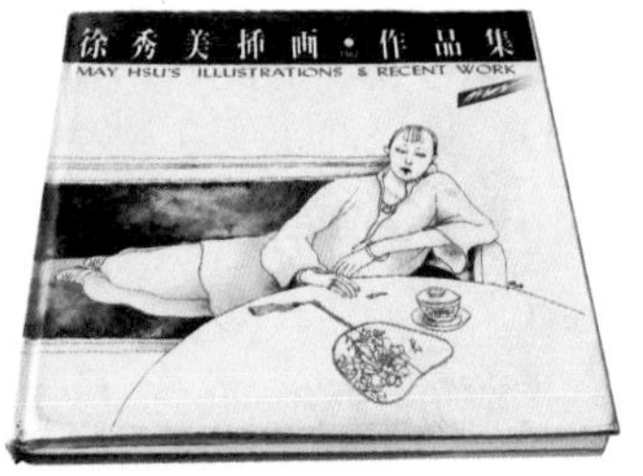

《徐秀美插画作品集》，徐秀美著，1982，正文书局，封面设计：徐秀美

1999 参与台北市“都发局”“敦化艺术通廊”公共艺术竞赛得奖，并制作完成公共艺术作品《鸟笼外的花园》，设置于敦化南路及忠孝东路口。

2010 在台北当代艺术馆举办“艺术的‘空·间·谜·变’装置展”。

2013 香港贸易发展局主办第二十四届香港书展特设“韦斯利五十周年展”，现场展出倪匡小说手稿及徐秀美亲绘封面画作原稿。

1985 年美国著名设计杂志 *Print* 三、四月号介绍徐秀美插画作品。

（林秦华摄影）

愛妻
鍾曉陽

烟雨蒙蒙间的彼得·潘——吴璧人的罗曼史王国

想当年，她挥洒手中画笔，诠释琼瑶小说里不食人间烟火的爱情世界，与林青霞、胡因梦、三毛等人共同塑造了台湾20世纪七八十年代罗曼史小说电影全盛时期一段刻骨铭心的集体记忆。想象男女主角爱得天崩地裂、海枯石烂，再搭配她笔下如梦似幻、俊男美女人物形象独树一格的手绘美形插画，更让许多读者迷醉不已。

“梦幻是双鱼座的典型特征。”[①]她说。回溯1975年，那年她22岁，进入了《皇冠》杂志社担任美术编辑。从最初替琼瑶小说《一颗红豆》绘制插画开始，乃至最后一部改编搬上大银幕的作品《昨夜之灯》，这段期间她几乎包办了所有连载琼瑶小说的杂志插图与封面设计，一连画了将近十年之久，被封为“琼瑶小说封面御用画师”。直到后来琼瑶不写小说了，她也就索性放下画笔，转而投身钻研珠宝设计、占星学与塔罗牌等领域。

她是吴璧人（1954—　），自小生长在民风纯朴的古都台南。童年时期，她对任何新鲜事物都充满了好奇，平日最喜欢跟在两个哥哥后面到处乱跑，举凡爬树上房、下溪捉鱼、玩竹剑、打陀螺，抑或沿着坡地攀爬至高处，再顺着坡度往下滑，甚至一跃而下。如此带着一股天真傻气的直率与无畏，加上与生俱

① 引自青海，2014年4月，《吴璧人——穿裙子的彼得·潘》，《南方人物周刊》。

早年看过琼瑶小说的读者，应该都难忘吴璧人笔下那些空灵而美丽的插画。画中人物忧郁迷离的眼神、优美流畅的身姿，仿佛从烟雨蒙蒙中穿越而来，打湿了岛内一整个世代少女的情感世界。

《彩云飞》，琼瑶著，1989，皇冠出版，封面绘制：吴璧人

来的好奇心和冒险性格，让吴璧人懵懵懂懂间觉得自己就像童话故事里的小飞侠彼得·潘，仿佛正在经历一场非比寻常的奇妙冒险，日常生活中处处闪烁着幻想的光芒。

18岁那年（1972），就读台南家专（今更名为“台南应用科技大学”）西画组（油画科）期间，吴璧人以一幅写生画作《庙宇》获得台南社教馆主办“第七届青少年水彩画巡回展”少年组第三名。从学校毕业后，吴璧人先是在《妇女世界》杂志担任美工，几个月后被平鑫涛挖角到《皇冠》杂志，成为皇冠第一位专职的美术编辑，兼绘插画。在皇冠待了10年（1975—1985），之后又转到《民生报》影剧艺文中心（1986—2001）担任美编。这段期间，吴璧人同时也替《中国时报》《中央日报》，以及远流出版、汉艺色研、儿童天地等单位绘制了大量的插画创作和书刊封面设计。

1976年，平鑫涛辞去《联合报》副刊主编一职，与琼瑶、盛竹如等人合资成立巨星影业公司，专门把琼瑶的小说作品翻拍成电影，并延请吴璧人担任电影部门的美术指导，一手包办影片中的造型服饰、布景道具、剧照海报等。也因此让她有机会跟着剧组到南部出外景，有时一边旅行、一边绘制沿途的风景，每每寓玩乐于工作中，一做就是8年（1976—1985）。那时正是琼瑶爱情文艺片风靡台湾的辉煌时期。翻览早年《皇冠》杂志所刊载琼瑶脍炙人口的小说，插画几乎都出自她的手笔。

回顾以往，吴璧人自云从未刻意规划、设计过自己的人生。洒脱不拘小节的她，做任何事情一向都是随兴之所至，甚至不按牌理出牌，生活在自我的精神世界里。对吴璧人而言，绘画

《庭院深深》，琼瑶著，1987，皇冠出版
《人在天涯》，琼瑶著，1982，皇冠出版
《一帘幽梦》，琼瑶著，1986，皇冠出版
《寒烟翠》，琼瑶著，1982，皇冠出版

封面绘制：吴璧人

是她的兴趣也是专长，因此当她步入社会以后，即一直从事这方面的工作。但她也坦承，对于“平面设计”与“插画”，她其实是比较钟情于插画，因为“较能享受发挥创意及尽情挥洒的乐趣”[①]。

“仅仅按照情节配上旁白说明般的插图并不难，”吴璧人表示，“可是我还想试试让画面自己倾诉出一份真实的感情。”[②]她在皇冠出版社担任美术编辑期间，在某个偶然的机缘下，与当时著名的女作家三毛见面，由于彼此性情志趣相投，又同样有着丰富的感情经历，工作之余也都喜欢流浪，双方一见如故，自此成为终生挚友。之后经常结伴出行，同游印度、尼泊尔，以及台湾地区各地。其中有一回印度之旅，特别让她受到视觉的震撼。“印度很穷，但是很丰富，很典雅。”吴璧人止不住赞叹道，“印度人是天生的艺术家，不论建筑、工艺品，甚至食物，都饱含色彩，装饰性强烈。”[③]

待她返台一段时日，印度之旅的刺激逐渐沉淀，一向偏爱朴拙民族风格饰品的吴璧人心念一转，油然兴起“自己动手做”的念头。于是，拥有美感设计能力及一双巧手的吴璧人，开始构思首饰串珠的造型，试着寻找各种材料、摸索金工锻造技术。大约从 1988 年起，她开始敲敲打打做起银饰与半宝石饰品，先是供自己或送给亲友配戴，颇受好评，旋即于翌年成立“璧

---

① 引自卓芬玲，1993 年 9 月，《毫厘之美开启新天地——插画家吴璧人与首饰设计》，《妇友》双月刊革新号第 84 期。

② 引自 2015 年 10 月 25 日，《现代女巫：吴璧人》，网站“星座 123”占星师介绍。

③ 引自卓芬玲，1993 年 9 月，《毫厘之美开启新天地——插画家吴璧人与首饰设计》，《妇友》双月刊革新号第 84 期。

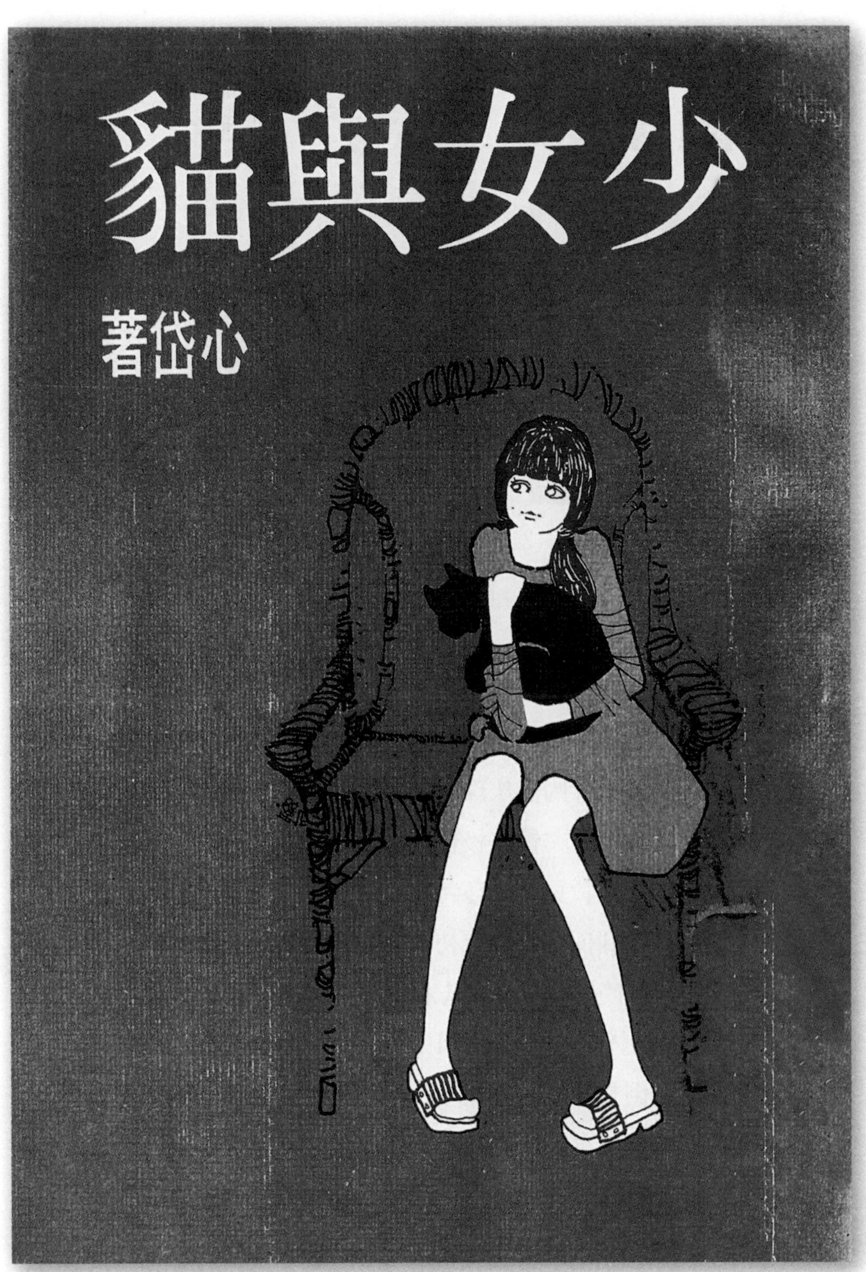

《少女与猫》，心岱著，1975，皇冠出版，封面绘制：吴璧人

《乾隆韵事》，高阳著，1982，皇冠出版，封面绘制：吴璧人
《小白菜》，高阳著，1985，皇冠出版，封面绘制：吴璧人

人珠宝工作坊”。而后随着作品存货渐多，便陆续在台北永康街“游艺铺”、福华饭店的沙龙艺廊、东区“铁网珊瑚”首饰艺廊，以及服装设计师温庆珠的店面等地寄卖。据“游艺铺”负责人郑慧苹表示：“销路极佳。”[①]

为了更上层楼，吴璧人还特地去参加“工业局”办的珠宝设计训练班，拿到证书，奠定初步基础，后来也去学了珠宝鉴定。当时由于她晚间仍须到杂志社上班，吴璧人只得利用下午上班前的时段制作首饰。及至 1994 年 6 月，未曾办过插画展的吴璧人，反倒是在“铁网珊瑚”举办了生平头一回的首饰设计个展，现场展出百件手制饰品。

“在设计制作首饰的过程中，不断有困难发生，等待我去

① 引自卓芬玲，1993 年 9 月，《毫厘之美开启新天地——插画家吴璧人与首饰设计》，《妇友》双月刊革新号第 84 期。

解决，就好像有秘密等待我去挖掘，这些不可知，牵引着我往前走，越走越入迷，就这样由业余成为专业啦。”[①] 原本以绘制插画、版面设计著名的吴璧人，如此描述她在中年时期无心插柳闯入首饰珠宝设计领域的心路历程。

吴璧人认为自己喜爱平和自然的生活态度，及凡事感恩随缘的乐观个性，使她非常容易感知宇宙自然中的能量及奥秘。“我越来越深地体会到其实人跟万事万物是联系在一起的，我们都是这个宇宙的一分子……你遇到的每一样东西都是你自己和他人，我们都是以一种共振的方式存在着，没有事情是偶然的。”[②] 吴璧人如是宣称。

早从中学时代起，吴璧人便已对占星术产生浓厚兴趣。为此，她开始勤奋自学研究占星学、塔罗牌等相关领域。出了社会、进入杂志社工作，余暇时更经常替同事及朋友们算命、排命盘。

约自 1995 年以降，吴璧人陆续在《中国时报》《民生报》《联合报》《财富人生》与《美洲世界日报》等报纸杂志撰写星座专栏，替人世男女指点迷津、释疑解惑。就这样持续了十年左右，后来干脆不做首饰了，转行成为一名全职的塔罗占卜师，不定期于台湾和大陆两地开班授课，专门讲授西洋占星学、塔罗牌、花精疗法、水晶疗法等课程。

“我喜欢玩票，喜欢一切美的事物。”[③] 吴璧人自承说道。

---

① 引自卓芬玲，1993 年 9 月，《毫厘之美开启新天地——插画家吴璧人与首饰设计》，《妇友》双月刊革新号第 84 期。

② 引自 2014 年 4 月，《吴璧人——穿裙子的彼得·潘》，《南方人物周刊》。

③ 引自 2010 年 5 月 2 日，《中后期琼瑶小说的御用插画师——吴璧人》，“琼瑶国度的博客”。

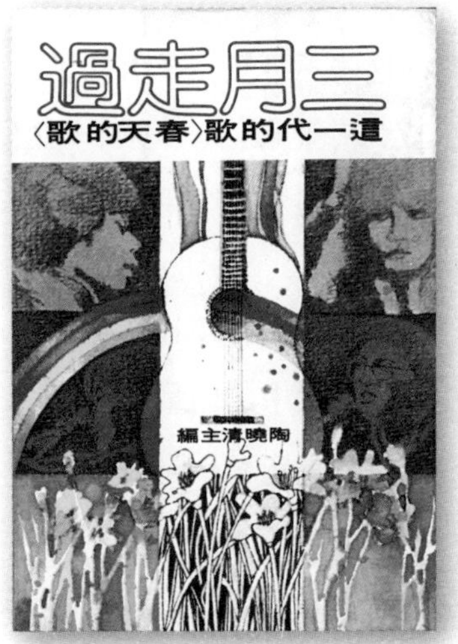

吴璧人不仅在早期“皇冠”书系留下了大量的设计作品，也替当时由陶晓清主编、采访校园民歌手的“这一代的歌”系列，设计了春、夏、秋、冬等系列封面。那些晕染的淡彩、重叠的层次、失焦的轮廓，乃至以意境主题衬托出欲语还休与朦胧飘逸的人物眉目等，皆可窥见吴璧人如诗如幻、独树一帜的浪漫笔触。

“这一代的歌”《三月走过》《唱自己的歌》《秋风里的低语》《回家 / 想你 / 歌》，陶晓清主编，1979—1980，皇冠出版，封面设计：吴璧人

时至今日，尽管吴璧人早已停下手中的画笔，却仍有不少读者对她早年所画的文学插画封面情有独钟，感觉特别亲切。甚至有热情的书迷为了收藏这些旧版封面，不惜跑遍各地旧书店与二手书店淘书寻宝。

回首顾盼，读者心中那些消逝了的岁月，都已化为温暖而潮湿的记忆。

吴璧人 年谱

1954 出生于台南。

1972 就读台南家专期间以一幅写生画作《庙宇》获得台南社教馆主办“第七届青少年水彩画巡回展”少年组第三名。

1975 担任皇冠杂志社美术编辑。

1976 担任香港巨星影业公司美术指导。

1984 担纲《民生报》《儿童天地丛书》封面设计和插画创作。

1986 担任《民生报》影剧艺文中心美术编辑。同年担任《民生儿童天地周刊》美术设计组副组长。

1989 跨行投入首饰设计制作，并成立“璧人珠宝工作坊”。

1990 成为《皇冠杂志》亚洲版、美加版第一位美术主编。

1991 协助汉艺色研出版社进行封面设计和插画创作。

1994 在台北东区“铁网珊瑚”首饰艺廊举办生平第一次首饰设计个展，现场展出百件饰品创作。

1995 投入西洋占星学研究，并陆续在各报纸杂志撰写星座专栏。

《皇冠》杂志第 337 期，1982 年 3 月， 封面绘制：吴璧人

1996 开始主持“地瓜藤网站星座频道”，同年出版《遇见十二星座猫咪：爱猫心性大解码》。

1998 在时报公司出版《星星知我心：十大行星VS十二星座》。

2003 歌手许茹芸发行新专辑《云且留住》，收录琼瑶早期经典电影主题曲，唱片公司同时也将吴璧人当年绘制的琼瑶小说插画印制成四款明信片，搭配首批专辑限量发行。

2012 在上海开班讲授花精自然疗法。

2013 在北京开班讲授西洋占星学、塔罗牌课程。

2016 在台北、上海等地开班讲授西洋占星学与塔罗牌课程。

《一颗红豆》，琼瑶著，1979， 皇冠出版，封面绘制：吴璧人

紫貝殼

瓊瑤著

（林秦华摄影）

沿着线条追逐的想象——阮义忠的抽象线画

以美学观点来看，似乎一切有关艺术审美的奥秘及根源都与线条有关。

20世纪现代艺术巨匠保罗·克利（Paul Klee, 1879—1940）曾说过一句名言："绘画就是牵着一根线条去散步。"道出了线条在本质上的随意性格，能够让画家最直接且自由地表达出某种潜藏的精微感觉和细腻情绪，并留给观看者无限的想象空间。

衡诸视觉艺术中所谓点、线、面三大基本构成要素，线条毋宁是最简便、最直接表现形象的绘画手段（孩童的第一笔绘画都是由线条开始的），同时也是最富变化、最具个性的存在，透过线条的流动、排列与组合，便能丰富表现出事物的节奏性和韵律感。

流连在旧书摊的故纸堆里，我总是屡屡惊艳于摄影家阮义忠（1950—　）早年以笔名"QQ"在《幼狮文艺》《主流诗刊》等文学杂志所描绘的那些洋溢着现代感的线条插画，仿佛年轮掌纹般缱绻而细密，简约不显单调，前卫气息十足。

他以大量层叠相依、疏密有致的钢笔墨线，勾勒出一幅幅优美流畅的抽象画，时而峻峭跌宕如山峦起伏，时而细腻婉约如根茎叶脉，细密的纹理，丰富了整体层次感。线条之间又彼此牵连，引人产生形而上的联想，转化为一股浓郁而厚重的美学力量。

《风格之诞生》，痖弦主编，1970，幼狮文艺社，封面绘制：阮义忠

自幼生长在宜兰县头城镇一传统木匠人家，阮义忠的童年岁月几乎皆在老家田园里的农忙劳动中度过。由于从小被迫从事农务工作，曾让他一度“视农夫为可耻印记”，并且痛恨自己的身世命运，认为“与土地、汗水有关的一切东西都是卑微的”①。

于是，他经常利用逃课来弥补个人失去的自由时间，以致就读头城中学初二时被勒令退学，后被亲戚转带到冬山中学就读。在外地求学期间，为了逃离土地的束缚、尽早摆脱农家子弟的身份，阮义忠开始勤奋学习，饥渴地阅读大量文艺作品和世界名著，就连生硬的哲学书籍也生吞活剥、囫囵吞枣地读着，举凡托尔斯泰的《战争与和平》、《莎士比亚全集》、贡布里希的《艺术的故事》、肯尼斯·克拉克的《文明的脚印》乃至妥斯妥耶夫斯基的小说、萨特与加缪的存在主义等，几乎无所不读。与此同时，他也很热衷于尝试当时最前卫的抽象画，用最简洁的钢笔线条，描绘出他孜孜矻矻追寻的，一个没有泥土、汗水及劳动的乌托邦世界。

对他来说，没有什么比留在农村更令人感到恐惧的了。因此，他将希望寄托在绘画和文学上（这两样只需要简单的纸和笔），渴盼能够透过读书与画画，“晋身”成为知识分子或文人画家，让他摆脱乡土、远走高飞。

19岁那年（1969），大专联考落榜后，阮义忠上台北找工作。在诗人痖弦的赏识下进入《幼狮文艺》担任美术编辑，任职期间（1969—1970）他为该杂志内页与诸多文学书籍绘制了一系列风格独特的内页插图及封面设计。当时，诗人罗青对

---

① 引自王力行，1987年5月，《镜头诠释大地——阮义忠的蜕变历程》，《远见杂志》第11期。

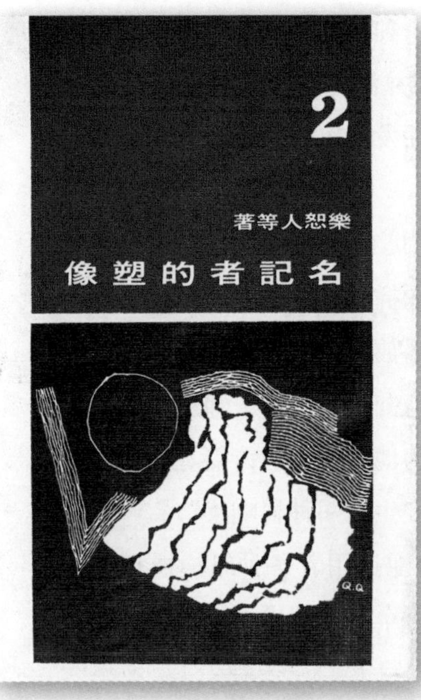

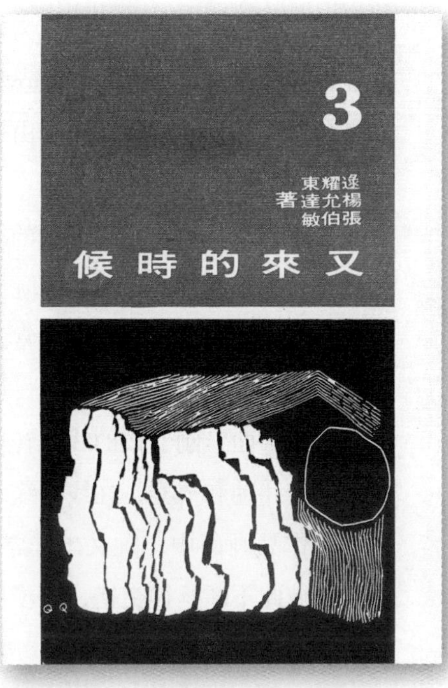

《名记者的塑像》，乐恕人等著，1970，莘莘出版社
《又来的时候》，逯耀东等著，1971，莘莘出版社

封面绘制：阮义忠

阮义忠的插画评价极高，认为他那“独出己意”的笔法，不仅在精神上能与文字配合，在造型上“并没有沦为文字的解说”，是台湾近年来“唯一能够经由插画而发展出自己独立艺术语言的人”[①]。

“音乐与诗的意味在他的线画中，明显看得出来。”早年画家席德进亦曾经为文赞誉阮义忠的插画自然而然地表露出一种独特的音乐性，描述他“常常在播放古典音乐的咖啡室泡上半天，手中也捧着一本诗集。可是他并没有写诗，却用了粗、细、直、曲、刚、柔的线条转化成为他的形象的诗篇。这些形象带着律动和节奏，在线与线之间产生了一种音响感”[②]。

作品画面中，阮义忠非常自由地运用着各种纵横曲折的线，彼此不断延伸交错，逐步形成一个自我的世界（阮义忠否

《主流》双月刊第7号封面，1972，主流诗社，封面绘制：阮义忠

《主流》双月刊第8号封面，1972，主流诗社，封面绘制：阮义忠

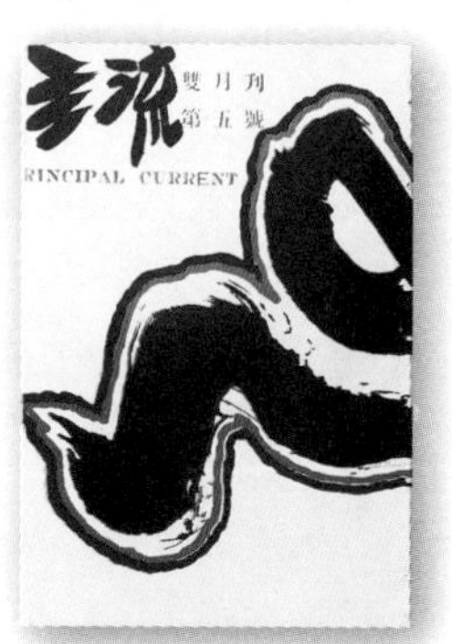

《主流》双月刊第5号封面，1972，主流诗社，封面绘制：阮义忠

---

① 罗青，1976，《罗青散文集》，台北：洪范，第169页。

② 席德进，1970年10月，《阮义忠的线画：自我心灵的独白》，《大学杂志》第34期，台北：大学杂志社。

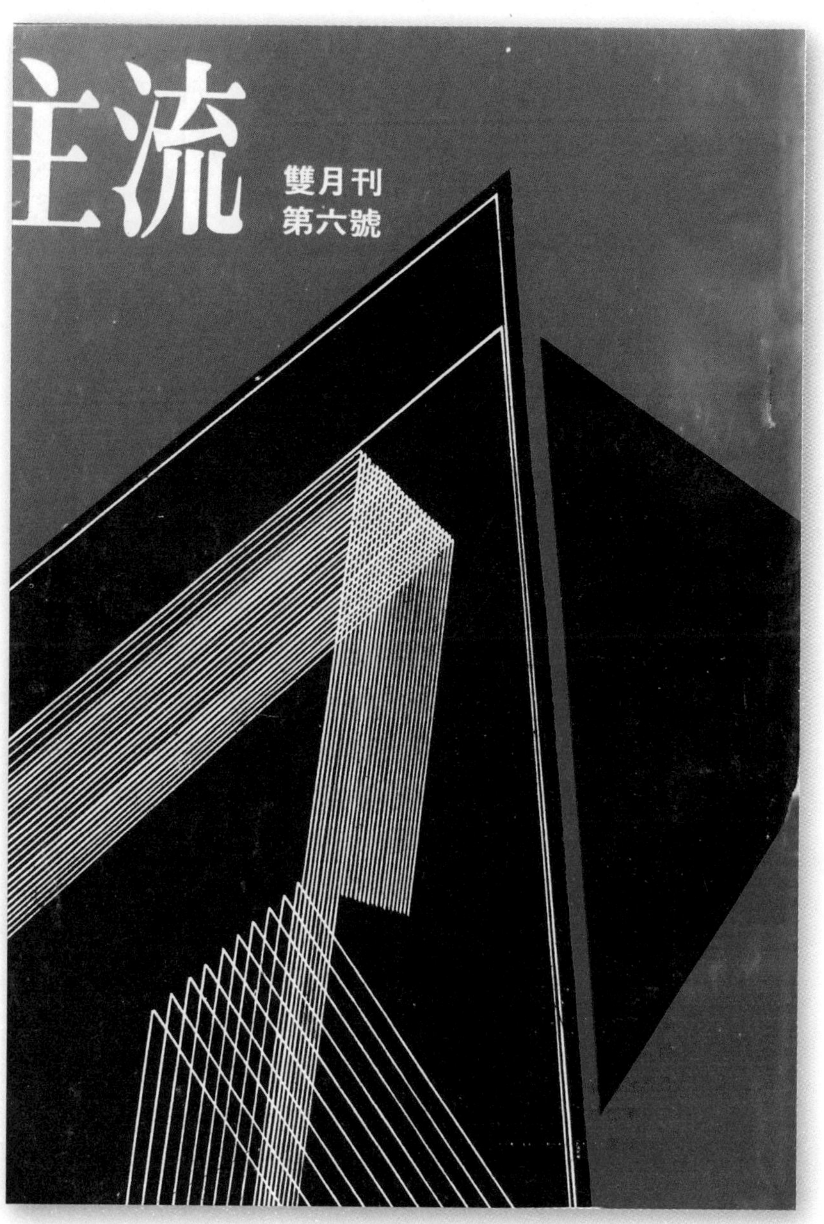

《主流》双月刊第 6 号封面，1972，主流诗社，封面绘制：阮义忠

认他的画是插图，亦不必和文章内容有所关联，因此他的画是独立的，如同雕塑作品般自我存在）。他的线条扭曲之后往往拉得很长很长，勾勒出介于抽象与具象之间的图案纹理，宛若一圈圈蜿蜒的小蛇，有时则像一片岩层、一道指纹，抑或是一束植物叶脉的组织、一块矿石的剖面，温和地、缓缓地流动着，疏密交叠、虚实错落，自成天趣。前卫的画风笔触，让青年阮义忠逐渐在台北文艺圈内闯出名号。

从《幼狮文艺》去职后服役3年，当兵时的苦闷让他看完了台湾市面上所有能买到的现代诗集，也开始写起诗和小说（其中有两首诗被选入萧萧、张默编选的《现代诗三百首》）。退伍之后，透过黄春明及高信疆的介绍，成为《汉声》杂志美术编辑（1972）。在杂志创办人黄永松鼓励他“多走多看多拍”[①]的鼓励下，生平头一回拿起单反相机的阮义忠，便奉命独自到台北万华街头拍照取景，从此踏入人文纪实摄影的领域。

1975年，25岁的阮义忠转到《家庭》月刊担任编辑兼摄影师。那期间，他几乎走遍台湾各地的山村角落，过程中完全是自己一个人跋山涉水，包办所有旅行探勘、田野访查，拍照片、写文章，扎扎实实地做了6年，后来即以此为基础，孕育出了一系列摄影代表作“人与土地”。

1981年，阮义忠又被隶属的台湾电视公司看中，转而制作纪录片，任职期间（1981—1987）陆续发表了两百多部纪录片。及至1987年，“阮义忠暗房工作室”成立，并在日后逐渐成为台湾最具影响力的摄影教育机构之一。在那信息匮乏的

① 引自蓝汉杰，2013年5月23日，《留住云端风景——阮义忠》，《明报周刊》第169期。

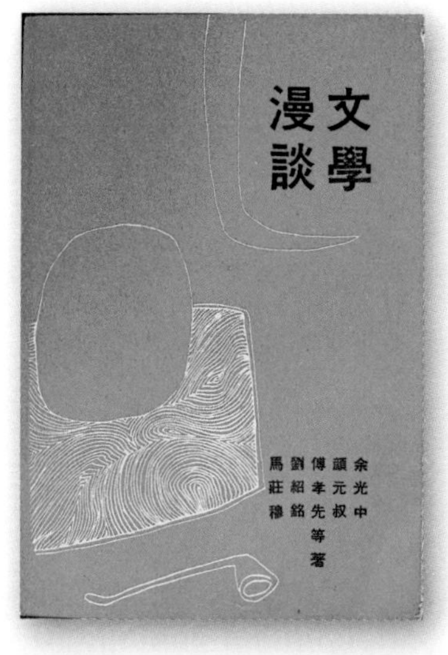

文學
漫談
余光中
顏元叔
傅孝先
劉紹銘
馬莊穆等著

《文学漫谈》，余光中等著，1972，环宇出版社

《康桥踏寻徐志摩的踪径》，奥非欧（李欧梵笔名）等著，1970，环宇出版社

《从地下文学到当代英诗》，颜元叔等著，1970，环宇出版社

《海德格哲学》，蔡美丽著，1970，环宇出版社

封面绘制：阮义忠

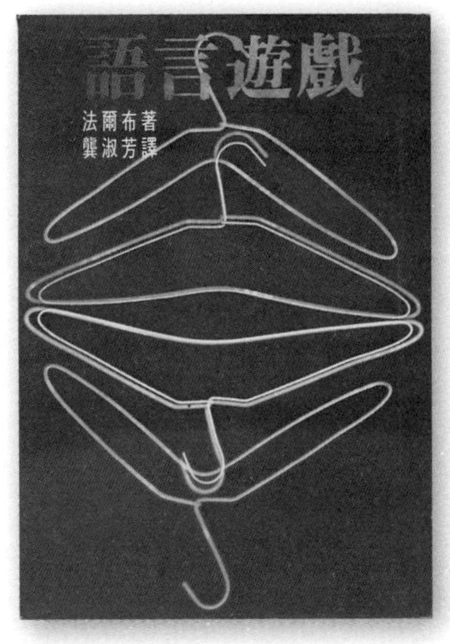

《语言游戏》，法尔布著，龚淑芳译，1984，远流出版公司，封面设计：阮义忠

20世纪80年代，他撰述了《当代摄影大师》和《当代摄影新锐》，带给迷惘的摄影爱好者一扇具国际视野的窗户。只有高中学历的阮义忠，自1988年起亦在艺术学院（后升格为台北艺术大学）美术系兼任摄影教师，2014年退休。

回顾过去，阮义忠曾谓在从事摄影工作之前："画画是我小时候怎么样也压不住的冲动，也是最自由、即兴之事，念头一来，抓到任何纸头就开始涂鸦。"[①] 甚至希望能在70岁时将那些旧稿整理出版成画册。

近年，阮义忠经常以"意外"两个字，来归结自己跟摄影的结缘。假若当年没有拿起相机，或许今日的阮义忠会是一名插画家，或是一个诗人、一位小说家。

① 引自2015年9月24日，《深圳商报》，《台湾的摄影教父阮义忠：以谈恋爱的心情看眼前事》。

《民俗撷趣》，郭立诚著，1977，出版家文化，封面设计：阮义忠

阮义忠　年谱

1950　出生于宜兰县头城镇。

1966　就读头城高中期间，开始作钢笔画、勤读哲学与文学书籍。

1967　大学联考落榜，到台北求职、于《幼狮文艺》担任编辑，为小说画插图，同时替上百本文艺书籍设计封面。

1968　入伍服役 3 年，为海军舰艇通讯士官，开始写诗、小说及艺评。

1972　进入 *ECHO*（《汉声》杂志英文版）担任美术编辑，开始拍照。

1975　转入电视周刊社《家庭月刊》担任摄影编辑，陆续发表六十多篇本土摄影报道文章。

1981　由摄影跨行到电视节目，陆续发表《映象之旅》《户外札记》《大地之颂》《灵巧的手》等纪录片两百多集。

1987　在陈映真创办的《人间》杂志担任顾问，并发表纪实摄影作品《台北谣言》与《人与土地》。同年成立“阮义忠暗房工作室”，开始教授摄影。

1988　开始在台北艺术大学美术系任教，讲授摄影课程。

1990　与太太袁瑶瑶共同创办“摄影家出版社”。

1991　受邀加入“欧洲摄影历史协会”，成为该会的首位亚洲成员。

1992　创办《摄影家》（*PHOTOGRAPHERS International*）中英双语版国际杂志，介绍世界各国优秀摄影家作品。

1995 入选《全球当代摄影家年鉴》。

1999 发生“九二一”大地震后，开始成为台湾佛教“慈济基金会”志工，随即投入慈济为灾区五十所学校重建的记录工作。

2005 受聘担任大陆鲁迅美术学院客座教授。

2007 获“东元科技文教基金会”人文类奖。

2009 被大陆《南方人物周刊》选为该年度全球华人魅力人物五十位其中之一。

2013 获第一届全球华人传媒大奖“摄影文化贡献奖”。

2014 自台北艺术大学以教授资格退休，开始于大陆各大城市开设工作坊。

2015 获大陆《生活月刊》颁发“国家精神造就者荣誉”。

2016 成立“阮义忠摄影人文奖”，鼓励全球华人摄影家创作具人文精神的影像，第一届于 11 月 26 日在浙江乌镇木心美术馆颁奖。

（林秦华摄影）

文學漫談
余光中
顏元叔
傅孝先等著
劉紹銘
馬莊穆

根植于土地的人间图像

李男

见证人文报刊的辉煌年代

回想当年开始沉浸于逛旧书摊的日子，最初对“李男”这一名字留有深刻印象的，毋宁是他早期绘制的插图封面。

李男（1952—　）笔下那些如藤蔓般蜿蜒不绝的流动线条，在半抽象半写实的随笔细节堆栈下，形成了一种充满超现实趣味的画面感，布局奇异，令人震撼，仿佛置身于潜意识的梦境，加上画作角落总是伴着别树一帜的签名式 LEE-NAN，每每引发观者无尽延伸的想象。早昔包括《幼狮文艺》《中华文艺》《时报周刊》与《北市青年》等刊物上，经常都有他的美术设计刊头或插画作品。

年少时的李男，浑身散放着故乡屏东特有的泥土气息，纵使原籍苏州，却从小说得一口“轮转”的闽南语，已故资深作家梅新对他赞誉有加，直称他是“从南台湾的甘蔗园冒出来的奇才”。远从初中时代开始接触艺术，起初因小说家李冰的赏识，网罗至《高县青年》画插图，除了热衷绘画涂鸦，李男也

所谓美的作品，是由视觉上的节奏和层次感构成，
只要节奏安排得宜，就是一个好设计。
ATUNAS

写作大量的散文、诗、小说及影评，文笔自然流畅，且于细腻中展现非凡不驯的才情。

就读屏东高工期间，李男手中一管健笔能写擅画，纵横挥洒、变化多姿。当年编校刊之余，亦曾邀集同侪友人筹组“草田风工作室”美术设计联谊会，那年他才 18 岁（1969）。旋即又与德亮、黄劲连、羊子乔、王健壮等人成立“主流诗社”，出版《主流诗刊》。后来也和罗青、张香华、詹澈、邱丰松等人筹组“草根诗社”，偶尔在其同仁刊物《草根诗刊》发表诗文创作，不时还客串帮忙相关编辑事务与版面设计。

从学校毕业后，为谋求家庭生计，李男逐渐脱离单纯的“文青”生活，先是投身军旅、进入空军通讯专修班研修，之后开始从事广告美术和商业设计工作，陆续任职于广告公司、《时报周刊》美术编辑、《中国时报》美术设计、《天下杂志》艺术指导，并曾协助《人间杂志》与《雄狮美术》设计内页版式与杂志封面，随后在台北市铜山街成立“李男工作室”。

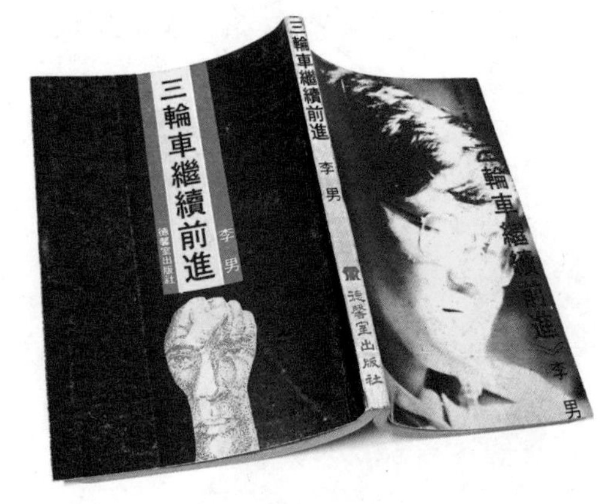

“浑身散放着屏东特有的泥土气息。”这是诗人渡也在书后跋文中描述对李男的第一印象。并评论他的作品：“绘画之外，他骨子里奔流的，无疑便是诗和散文的血液。”

《三轮车继续前进》，李男著，1977，德馨室出版社，封面设计：李男

起初由于受到桑品载的鼓励与赞扬，李男摹写田园自然风物、借景抒情的“旅人之歌”散文小品，陆续在“人间副刊”登载，引发文坛普遍关注。

《旅人之歌》，李男著，1975，水芙蓉出版社，封面绘制：李男

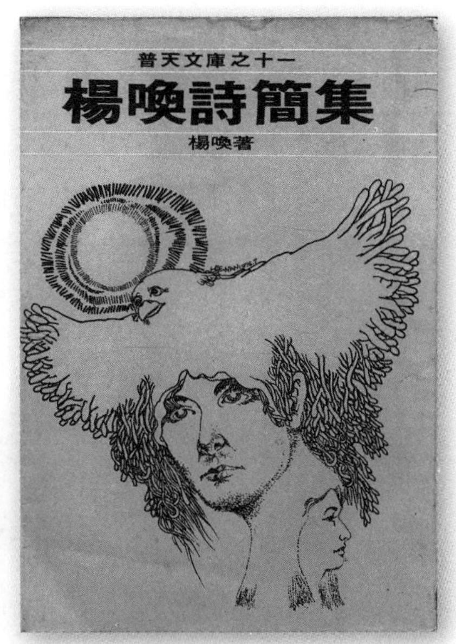

李男早年喜欢以超现实变异的手法绘制插画，一如《杨唤诗简集》的封面绘图，总是带有些许诡谲奇幻的味道，仿佛带领读者透过视觉进入梦的神秘世界。

《杨唤诗简集》，杨唤著，1972，普天出版社，封面绘制：李男

这段期间诸多掷地有声的经典文学作品——诸如白先勇的《现代文学》杂志复刻典藏版、周梦蝶的新诗选集《十三朵白菊花》等书籍装帧皆出自李男的手笔。自嘲为设计界丐帮出身、做设计无师自通的李男，初期设计风格典雅隽永，而后愈趋多元多变、随兴自由，数度获美术设计金鼎奖，是崛起于20世纪80年代极负盛名的台湾美术设计家。

2002年，诗人周梦蝶在82高龄时出版第三部诗集《十三朵白菊花》，装帧风格一派沉稳内敛、素雅大气。根据李男口述回忆：当年是由画家韩舞麟提供菊花素描画作为素材，他仅花费了短短半小时左右，便一气呵成完成了这幅经典（书衣）封面。

《十三朵白菊花》，周梦蝶著，2002，洪范书店，封面设计：李男

1991年由现代文学社重刊发行的布面精装《现代文学》杂志，合订本共21册，内容完全复刻当年版面，一页一页从原版杂志翻拍，再由制版厂师傅用红泥在拼好版的底片上修补，留住了珍贵的时代身影。封面由李男装帧设计，不唯展现端庄大方的气魄，同时透着一股淡淡的古典气息。

故乡童年是一幅彩色的画

总是从同样的土地
传来心跳的声音，水牛
应和那脉动，一步步向前
锈犁向前，翻开新泥下的老梦
对阴澹的天光，重重铺陈
一册祖先留下的大书
这页到那页，唯一的文字
是泥土。我们驱策着
无言的水牛，在熟读的册页上
一面温习祖先的生活
一面写出自己的生活

——李男，《无言诗——乡村组曲之十七》

本名李志刚的李男，年轻时对绘画、美工的兴致丝毫不减于对诗和散文的热衷，颇富才情。他总是戴着一副黑框眼镜，镜片后炯炯有神的眼睛，以及两道凌厉的浓眉，似乎永远透着一股自信凛然的热情。（李男提供）

成长于屏东地方小镇，记忆里熟悉的故乡山水、人文景物不时依稀浮映，挥不去也忘不了，在缓慢的岁月流程中，始终深深熏染和陶铸着李男的创作心灵。

自云未曾受过任何正式绘画训练的李男，据说5岁时即已拾起彩笔、爱上绘画，无师自通。一开始只是随兴涂鸦，后来尝试画一些给小孩看的漫画稿，偶尔也寄几张讽刺的小篇幅插画给杂志报刊补补白，赚取一点零用钱来买书跟画具。那时他还只是个初中学生。

追忆当年在屏东市区，固定有一两家旧书摊，虽然规模都不大，却很能让人感受读书的乐趣，“通常我们只是去看而已，根本就没钱可以买书，”李男娓娓诉说这段童年往事，“有时我们看见很喜欢的内容，但没钱买，甚至就会进去图书馆里偷撕一张下来，就干这种事，撕回去之后，就把它剪贴起来保存。”[①]那时候看最多的，主要有叶宏甲的《四郎真平》、牛哥的《牛伯伯打游击》和刘兴钦的《阿三哥大婶婆》，或者是卧龙生、诸葛青云、司马翎、金庸等人的武侠小说。早年台湾坊间出版的武侠小说几乎都是薄薄一小册，学生时代的李男就这样每天往返租书店，很快看完一本，接着又换另一本。

提及绘画兴趣的初萌，李男印象最深的，是看着当年从大陆渡海来台、雅好文艺的父亲从军中公职退役后，闲暇之余经常拿起毛笔慢慢临摹《芥子园画谱》自娱的身影。年幼的李男不自觉也在旁跟着涂抹、乱画，“我父亲去世之后，我就帮父

① 李男访谈，2015年4月14日，于台北市新生南路老树咖啡。

亲整理他的书，”李男回忆道，“包括他以前办公用的《六法全书》，小小本的那种，里面有很多空白的地方都被我画满了像是诸葛四郎与真平的涂鸦。”①

根据周作人的《鲁迅的青年时代》一书所述，鲁迅童年时亦极痴迷于图画创作，常搜求各种画谱与小说绣像来描摹。“在他们那个年代有点兴趣想要画画的人，通常并没有太多机会自己去找东西来画。”李男如此观察，“因此他们去描画那个绣像，或许就已经是一种满足的方式了，我父亲差不多也是那个样子。”②

李男回想高中毕业前，每天步行上下学的路途中，都会经过一家戏院，门口上方悬挂着老师傅用油漆手绘的电影广告牌，总是深深吸引他的目光。当时连木炭素描都没学过、犹然懵懵懂懂的他，经常兀自凝望着那些广告牌，一待就是半个钟头以上，只为了仔细观察老师傅到底是怎样作画，如何构图布局，颜色之间如何调配均衡。就这么每每看得入了迷，流连忘返。甚至想重现那个画面，于是赶紧买了一整罐广告颜料，直接就在报纸上依样画葫芦、信手涂鸦练了起来。

对于几乎没有机会接触所谓正统艺术教育的李男来说，画画的意义，就只是单纯地享受挥洒色彩与信手涂鸦所带来的乐趣罢了。

---

① 李男访谈，2015 年 4 月 14 日，于台北市新生南路老树咖啡。

② 同上。

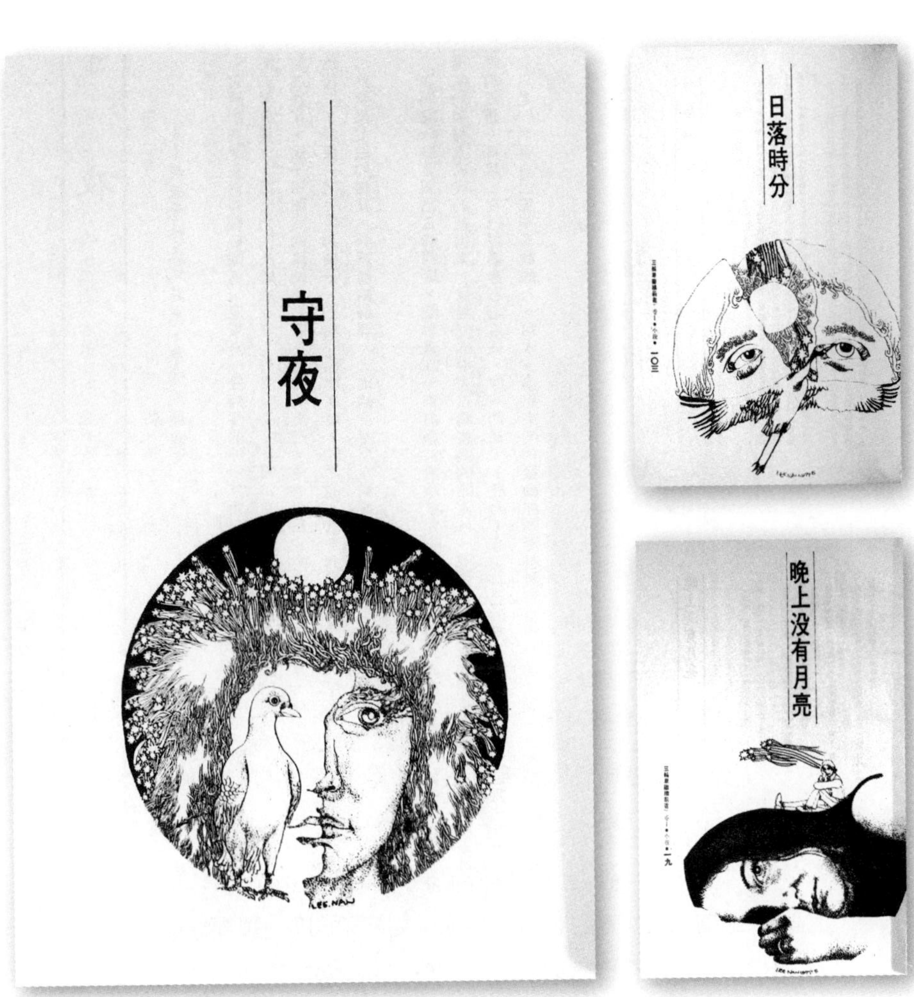

早年李男带有超现实风格的刊头插画作品。收录于短篇小说暨评论文集《三轮车继续前进》，1977，德馨室出版社。

疾走青春，宛如草原上的一阵风

从堤防上走过。

我是李男。

太阳是太阳，风是风。

你们别想知道太阳是什么，风是什么，也别想知道李男。

我是很残酷的。

实际上有多少阳光让我踩死在堤防上，我都不知道。

我的一双脚底血肉模糊，有一根未断的骨头。

并且我很快乐。

我是很残酷的，也很温柔。

当然，无有月亮。

——李男，一九六九，《二又二分之一的神话》[①]

回溯1969年2月，彼时胸中满溢着创作情绪的李男参加了高雄县“救国团”主办的澄清湖畔文艺营，以一短篇小说《大人、小孩、骰子》获得首奖，初露头角。随后寄了一篇散文给“人间副刊”，获得当时的主编桑品载来信鼓励，也开始在《幼狮文艺》《中华文艺》等刊物发表作品。之后写下诗作《二又二分之一的神话》发表于《幼狮文艺》，字里行间犹带有几许天生自然的狂气，予人一股清新感十足的解放氛围，让痖弦、商

① 李男公开发表的第一首诗作，刊载于1969年10月《幼狮文艺》第31卷第4期，第163—165页。

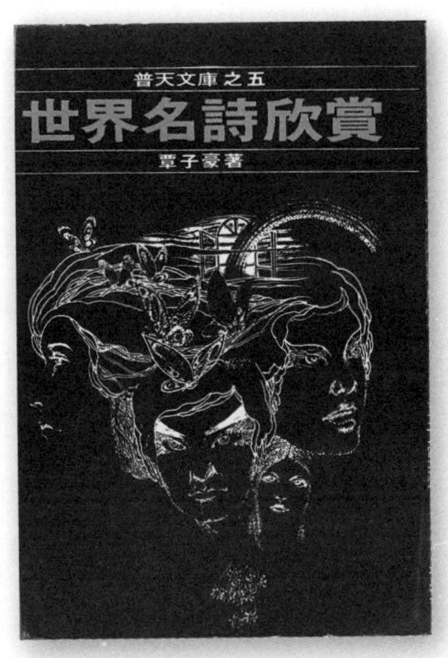

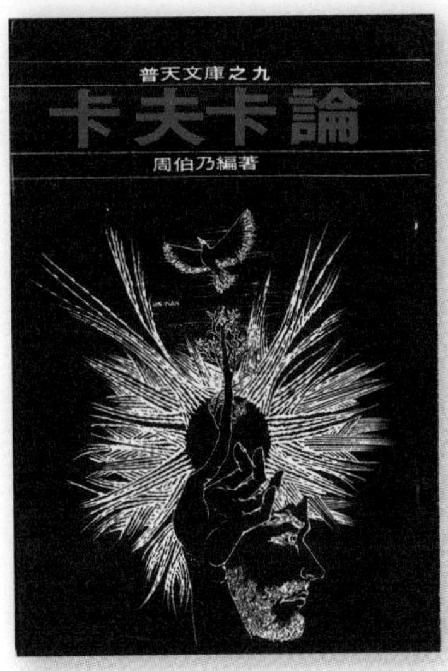

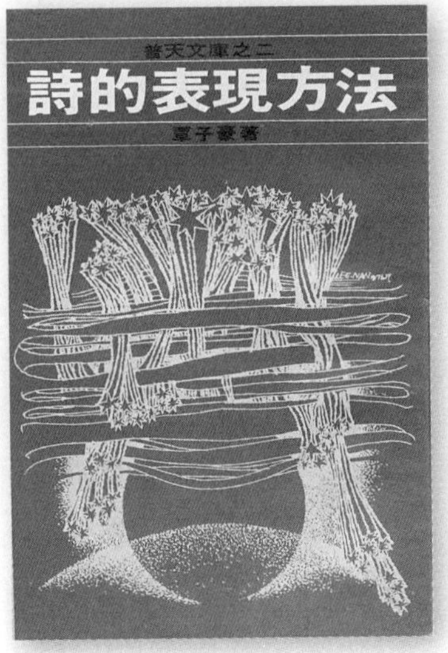

《诗的解剖》，覃子豪著，1976，普天出版社

《世界名诗欣赏》，覃子豪著，1976，普天出版社

《卡夫卡论》，周伯乃编著，1969，普天出版社

《诗的表现方法》，覃子豪著，1976，普天出版社

封面绘制：李男

禽两位前辈诗人大感惊艳，后来还被洛夫编入《1970年诗选》。其他早年诗稿，亦有部分收入张默、管管、沈临彬与朱沉冬合编的青年诗选集《新锐的声音》。

然而，文坛前辈毫不吝惜的注目和赞美，对李男而言，虽可谓年少成名、意气风发，却也无形中成了一种心理负担。他的诗文产量一度因过分求好而锐减。之后过了一段很长时间，才又持续尝试写稿，最主要的原因，是为了赚取稿费补贴家用。

回忆当年写稿最狂热的时候，主要是从屏东高工毕业（1970）后进入空军通讯专修班就读期间。李男经常于傍晚饭后，前往台中清泉岗机场附近的海边散步，回到宿舍就直接坐在书桌前，把稿纸摊开来，开始埋首写作，就这样接连产出了一篇又一篇的文章。“我那时候写一千字，好像差不多都有几百块钱，”李男点点滴滴地诉说，“我当时散文写得比诗还多，写诗有时候是赚不到钱的……除了诗之外，你写的不管是评论或散文、小说，通常都比较有机会发表，而且早年的刊物也比较多。”①

有趣的是，回溯当年的写稿过程，李男表示他几乎没有太多理性的思考，也并不刻意经营某种文字画面，完全是跟着感觉走，只凭着一股直觉率性而为。“即使你现在叫我写，我也写不出来，”对此，李男不禁油然喟叹，“可惜青春的日子已经回不去了。”②

大约1970年年底，李男与罗青在云林虎尾初识，那时罗青在当预官，李男则在同单位受训，起初因彼此之间的距离隔

---

① 李男访谈，2015年4月14日，于台北市新生南路老树咖啡。
② 同上。

阂，并不太相熟，而后逐渐热络起来，李男且在文学创作上受到罗青影响甚巨。翌年 7 月，李男和羊子乔、林南、杜皓晖、柳晓、黄劲连、吴德亮、龚显宗等一干文学青年在高雄创办《主流诗刊》，强调以乡土语言描写乡土事物。1975 年又与罗青、詹澈、张香华、邱丰松等文学同好成立《草根诗刊》，创刊初期由罗青担任社长、李男负责支持版面设计兼执行编务，编辑部就设在屏东市民生路安心巷的李男住家。

就这样因陋就简，把自家房间当作诗刊的编辑部，需要印书时，就去屏东的印刷厂，后来到了台北，就去找台北的印刷厂。“早期都是一些简单的印刷，你去看我们以前的中文字体，都是那种打字机的字形，先用中文打字机打一打，然后剪贴，再去照相制版。”李男回忆当年那段青涩而热情的编辑岁月，

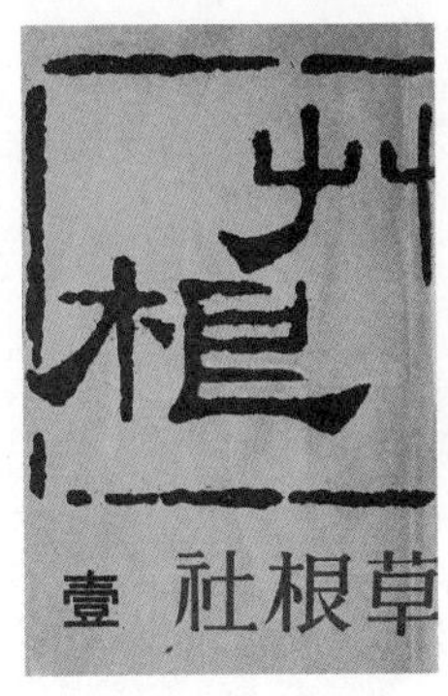

1975 年 5 月 4 日开始发行的《草根诗刊》，创刊号封面采用版画家陈庭诗刻制赠予的“草根”二字方印。内容虽仅薄薄 24 页，却有一篇近万字的《草根宣言》，展现偌大气魄：“我们是新生的一代，是战后的一代。但我们宁可成为锻接的一代，去完成革命时代过渡时期的前辈所未完成的锻接工作。”

1974 年 11 月《草根诗刊》成员在罗青家中聚会。左起：羊子乔、罗青、李男、陈庭诗。（李男提供）

“那时候我们每个（诗社）成员一个月大概交五百到一千块，就这样做啊，那完全是赔钱的生意，一直到了后期，才开始慢慢有机会在报纸上发表一两首可以赚到稿费。”[①]

除了写些文章、赚取微薄的稿费之外，李男也不断尝试各式各样的美术设计，包括杂志刊头、海报广告、书籍封面等，由此结识了同样爱好绘画与视觉艺术的吴胜天、林文彦、简清渊等同侪，甚至因而筹组了一个叫作“草田风工作室”的美术团体。

至于为何以“草田风”命名，顾名思义，“草原上的一阵风”是也。事实上，“真的也就像一阵风，吹过去就没了。”李男不禁以此自嘲，“我们那个时代就是这样，很多人对于设计都有共同的一种热情，但那时候并不称它为设计，而是称作图像……其实我们当时根本没有舞台，也没有表现的内容，完全只是一种很自发性的，就像有些人可能去打架、喝酒或是赌博，那我们只是没有任何来由，就去做了那些事，那时正当年轻，很狂妄啊。”[②]

李男还提到当时在所有的高中里，几乎每个班级都放置一份《幼狮文艺》杂志。李男不仅在上面发表过多篇诗文创作，更陆续从中发现廖未林、凌明声、郭承丰与龙思良等名家绘制的书刊插画。另外，逛旧书摊时偶尔也会找到一些过期的 *Life* 中文版杂志，或是香港早期的《南国电影》，这些杂志当年都刊登了不少类似波普艺术风格的视觉作品、明星彩色照片及海报设计。诸如此类，李男不断透过大量阅读来吸收各种知识养

---

① 李男访谈，2015 年 4 月 14 日，于台北市新生南路老树咖啡。
② 同上。

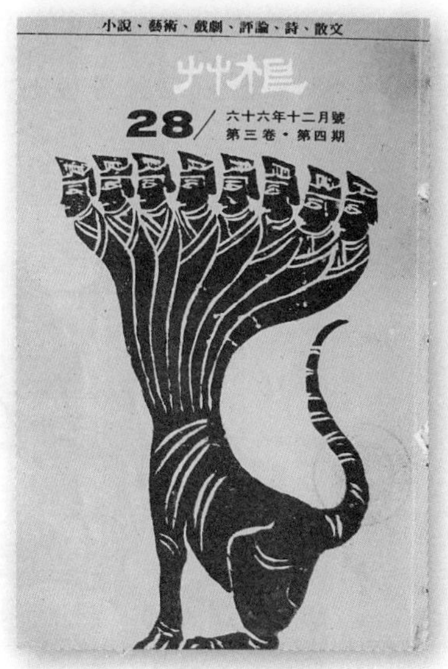

《草根诗刊》，1970 年代晚期，封面设计：李男

分，使他逐渐心向往之、身行而至。

走过文学副刊的黄金时代

从屏东高工毕业、念了 5 年军校（空军通讯专修班）之后，李男自觉无法适应军中生活，毅然选择退役，离开象牙塔，一脚踏入莫测无常的社会江湖。李男先是在广告公司工作，随后因缘际会，因当时主掌《中国时报》“人间副刊”的高信疆正在筹备草创《时报周刊》，亟须招纳人才，于是便来电邀请李男协助，一同投入创刊事业。

1978 年 3 月 5 日，《时报周刊》正式创刊发行，成为台湾首创的大八开综合性杂志。李男即担任美术编辑。当年正是台湾报纸副刊最蓬勃的时代，一幅插画稿费约新台币两百元（当时一般基层公务员的月薪大约是四千元左右），可谓收入匪浅。

1980 年代与文艺界友人聚会，右一坐者为摄影家庄灵，右二为美术设计家凌明声，后方站立者为李男。（李男提供）

之后，随着高信疆卸任“人间副刊”主编（1983），李男一方面持续在报社工作（傍晚上班），另一方面则开始利用白天时间帮朋友兼差做些美术设计，诸如早期的《雄狮美术》杂志、陈映真创办的《人间杂志》等，乃至后来受殷允芃之邀、担任《天下杂志》艺术指导。“当时除了睡觉之外，其他时间几乎都在工作。”①李男表示，即使是待在家里，仍是有许多人上门委托工作，忙都忙不完。因此，在考虑难以兼顾报社工作、也希望有更多时间陪伴家人的情况下，他便向《中国时报》发行人余纪忠先生请辞，依依不舍地离开十多年来晨昏颠倒的报社上班生涯，成了一名自由工作者，专职投身设计领域，长期工作不懈，直到退休为止。

尽管一路走来几度跌跌撞撞，却还是幸运遇见很多贵人。对此，李男总要感谢昔日老长官——“人间副刊”主编高信疆的提携之情，以及当年《中国时报》所提供足以自由挥洒的大环境。

那时候台湾开始有书商从欧美或日本进口设计类的书刊，譬如由杉浦康平担纲设计编排、在市场上很抢手的《银花》季刊，在台每本售价一两千块以上（以台湾20世纪八九十年代的物价水平而言堪称高价位），内容主要介绍日本及东亚各国的工艺、美术和文化传统，李男几乎每期都会订阅。“那时候一个月大概花一万块买书，是很正常的。”李男表示，“我当年还在《时报》的时候，因为平常既不抽烟也不喝酒，就把这些省下的钱都拿来买书了。”②

---

① 李男访谈，2015年4月14日，于台北市新生南路老树咖啡。

② 同上。

这段期间大抵受到杉浦康平热衷追索古代中国文化的美学观念影响，李男亦有不少书籍设计作品运用中国传统的古典风格语汇。除此之外，他经常利用工作空档进入报社馆藏数据室，埋首翻阅、钻研许多来自欧美各国的精彩外文书刊版面设计，甚至还透过报社所举办的普利策讲座等难得机会，和来台参访的国际级艺术巨匠或摄影大师进行交流。长此以往，李男汲取了丰厚的文化滋养，获益匪浅。

之后，伴随台湾报业的快速发展，与海外媒体公司之间商业往来密切、文化交流互动频繁，李男亦曾有多次机会前往美国《时代周刊》、日本《产经新闻》和集英社等单位参访。过程中，他看见外国企业如何提供相对完善的工作环境，以及如何制定有效率的设计生产体制和作业流程，让各个优秀的设计师在规划明确的大方向下，融入自身的美感经验，尽情发挥，进而展现出甚具激励性的团队合作模式，最终达到一加一大于二的群聚效应，委实令他印象深刻。

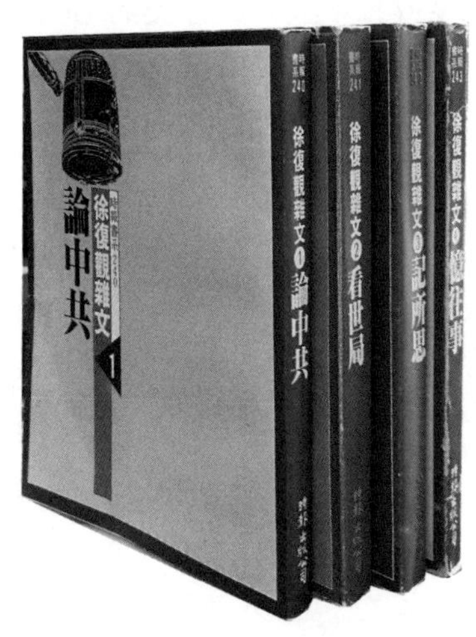

20 世纪 80 年代中期台湾解除戒严、本土化浪潮袭来，直到 90 年代蔚成风潮，势不可当。在此之前，李男的书籍装帧作品常见运用富中国传统韵味的色彩组合，以及象征古代中国风格的图案与语汇。

《徐复观杂文集》（共 4 册），1980，时报出版，封面设计：李男谈到设计的本质，李男认为，设计基本上最重要的是节奏，像是颜色本身也有节奏：同样是蓝色、黄色或黑色，节奏比例不同，效果就不尽相同。“像我早期刚出道时，使用的颜色对比会比较强烈，那时候不太明白、也不太能够控制这些色彩的节奏。”李男指出，“但是等到晚期以后，我的色彩节奏就慢慢比较固定了。”① 因此，所谓美的作品，是由一种视觉上的节奏和层次感所构成，只要节奏安排得宜，它就是一个好设计。

阅读“人间”风景

20 世纪 80 年代，台湾曾经有过这么一份令人惊艳的杂志。多年后，它依旧是至今仍难以超越的经典。

回首 1985 年 11 月，正值解严前夕的台湾，在政治、经济、文化等方面皆出现了空前剧变。那是因经济快速发展、房地产狂飙而被称作“台湾钱淹脚目”的年代，在经历美丽岛高雄事件冲击、骚动不安的社会氛围下，陈映真以关注社会边缘弱势族群、环境生态保育和人权议题为主轴，宛如平地惊雷般创办了一本洋溢着浪漫理想主义与人道关怀色彩，同时勇于挑战权威的《人间》杂志。

据闻最早触发草创《人间》的思想火苗，是缘起于 1983 年，陈映真受邀远赴爱荷华大学国际作家工作坊，参访期间初次接触报道摄影家尤金·史密斯（W. Eugene Smith, 1918—1978）的作品，让他深感震撼，发现透过照片竟然可以达到强烈批判

① 李男访谈，2015 年 4 月 14 日，于台北市新生南路老树咖啡。

《给梦一把梯子》，白灵著，1989，五四书店
《苏青散文》，喻丽清编，1989，五四书店

封面设计：李男

社会的效果。回台后又看到岛内发行的生态杂志《生活与环境》，由于缺乏图片而减少了让读者感动的力量。种种因素，促使他兴起了以结合纪实摄影与报道文学为基调，“想办一份像《国家地理杂志》那样的刊物”① 的构想。

恰逢其时，那年仍在报社任职并利用闲暇兼差协助《天下杂志》、“新闻局”等单位执行平面设计案的李男，透过高信疆的居中引介，接到了来自陈映真请求担纲《人间》杂志美术设计的邀约电话。“一开始《人间》杂志原本是要做彩色封面，”

① 李男访谈，2015 年 4 月 14 日，于台北市新生南路老树咖啡。

李男说道，“然而当我把打样看完以后，却很受震撼，因为里面那些黑白照片非常有力量，于是我就跟他（陈映真）建议干脆就连封面也做黑白的，最后他终于接受了。”[①]

当时关晓荣在基隆和平岛附近“八尺门”村落拍摄当地阿美族岛内移工生活的黑白纪实照片，因此成了《人间》创刊号的封面。果不其然，这份具有强烈的影像魅力、全书采取高质量纸张印刷的杂志甫问世不久，旋即引发许多读者热烈回响。从此之后，每当李男完成了内文排版，即从中挑选一张他认为最适合的照片作为封面，从1985年11月创刊起始，到1989年9月停刊为止，共47期的杂志设计皆出自李男之手。

彼时由于受到陈映真个人精神信念与人格的感召，吸引了一群来自四面八方、满怀理想和热情的年轻文化工作者，相继投入《人间》杂志，协助编务以及各种采访报道工作。他们每每不惜上山下海，走遍台湾社会各个角落——包括探访汤英伸故乡的邹族部落，收容精神病患的龙发堂现场，台北桥下的人力市场等，揭露出许多不为人知的真相。为了与受访者深入交流，他们远离城市，抵达荒僻山村，常弄得满身脏污，乃至随处席地而睡，一如陈映真总是念念不忘叮嘱着：“要非常尊重受访者，我们必须被人民教育。”[②]“要蹲下来和人民在一起。”[③]而其结果，即是带回来一个个社会底层庶民人物的辛酸故事，一篇篇主流媒体与当权者视而不见、在工业社会快速发展下受

① 李男访谈，2015年4月14日，于台北市新生南路老树咖啡。

② 曾淑美，2009年9月，《陈映真先生，以及他给我的第一件差事》，《文讯》第287期，第82—85页。

③ 林欣谊，2009年9月13日，《巨大的陈映真——永远的人间风格》，《中国时报》开卷版。

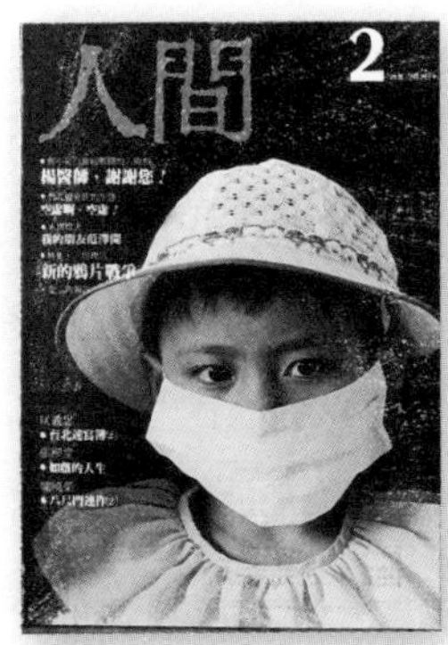

筹办《人间》杂志期间，陈映真带领一批年轻的写作者、艺术家投入社会改革，形成 20 世纪 80 年代的新力量，影响了一整个世代的知识青年。

到压迫伤害的人民与土地污染的实况报道。

所有这些教人动容的记录文字，配上一幅幅强悍而美丽的黑白影像，既是《人间》对岛内贫困弱势者最真挚的关怀，也是《人间》对台湾社会最深沉的控诉。

从 1985 年到 1989 年，在苦撑了 47 期的短短 4 年间，《人间》杂志借由报道、摄影、采访的磨炼，网罗了台湾最好的一批纪实摄影家、报道文学作家以及新闻工作者，包括王信、关晓荣、阮义忠、廖嘉展、颜新珠、蓝博洲、李文吉、蔡明德、钟俊升、张咏捷、钟乔与赖春标等，乃至其后参与摄影采访或编辑的郭力昕、林柏梁、萧嘉庆，也都各有贡献。尽管后来面临停刊命运，这批当年深受熏陶的文化人仍各自坚持着“用脚说故事”的《人间》风格，不仅就此埋下了关怀乡土的种子，直到今日仍为许多读者带来深远的影响和震撼。

然而令人扼腕的是，这份向西方报道摄影取经、批判当代台湾社会不公的《人间》杂志，往往不为当局所容纳，再加上发行人陈映真先前一度因“组织聚读马列共党主义、鲁迅等左翼书册及为共产党宣传”等罪名入狱后获释[①]，当时在机构单位以及军中，凡是阅读这份杂志或与之有任何关系者，几乎都会被视为“思想有问题”。主编《草根诗刊》期间，亦曾因发表文章而被“调查局”约谈“喝咖啡”的李男，基于种种顾忌

① 1968 年 7 月，发生了所谓的“民主台湾同盟案”，其中以“组织聚读马列共党主义、鲁迅等左翼书册及为共产党宣传”为罪名，陈映真与吴耀忠等三十六人遭到警总保安总处逮捕。由于陈映真时任《文学季刊》编辑委员，黄春明、尉天骢等人也受到牵连，又称为“文季事件”。陈映真遭判处 10 年有期徒刑，移送台东泰源监狱与绿岛山庄。1975 年，适逢蒋介石逝世百日特赦，陈映真提前 3 年出狱。

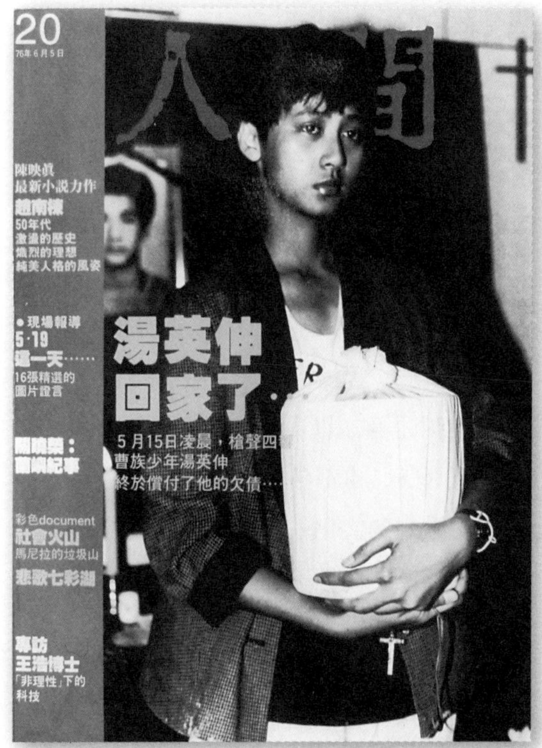

早年《人间》杂志所做的报道专题（例如有关“二二八事件”），曾多次让陈映真被“情治”单位找去“喝咖啡”。根据蓝博洲回忆：“当时政府虽不敢公然查禁《人间》，却大量收购当期杂志、减少其面世机会。”

和考虑，遂决定在《人间》杂志编务人员名单上不挂上自己的名字，而是从其他几位编辑摄影工作者的名字当中各取一字，化名为“蔡雅松”，担纲该杂志的美术构成。

戒严时期，不仅仅有“出版法”钳制着台湾人民的言论，甚至就连两人以上参加读书会，都有可能遭到密告、成为当局眼中的“叛乱犯”。

彼时当局打着“反共运动”与“国家安全”的大旗，在官方禁令下，许多书籍被列为“违禁品”。与此同时，负责查禁的人员对于现代诗、现代绘画也经常怀抱某种莫名其妙的联想，或是不自觉地迫使创作者进行自我检查。比如在戒严之下，红色无疑是一个非常敏感、需要避讳的颜色，不能随便使用，尤其不能任意画让人联想到中国共产党的红色星星，“所以早期我们画星星都是画六角形，”李男回忆起昔日的境况，“像凌明声他画星星也都是画六角，要不然就是画八角，没人敢画五角，你去看以前凌明声的那些装饰画就知道……诸如此类的一些细节，大家都会想办法去避讳。”①

类似的禁忌情节，于今日民主社会看来竟是何等荒谬，然而，对于身陷其境的当事人来说，内心其实是很惶恐的。当年一度因文字思想检查而遭“调查局”约谈的李男，后来也为此刻意停止了文学创作，促使他往后整个人生的思考与走向，皆产生了巨大变化。

① 李男访谈，2015 年 4 月 14 日，于台北市新生南路老树咖啡。

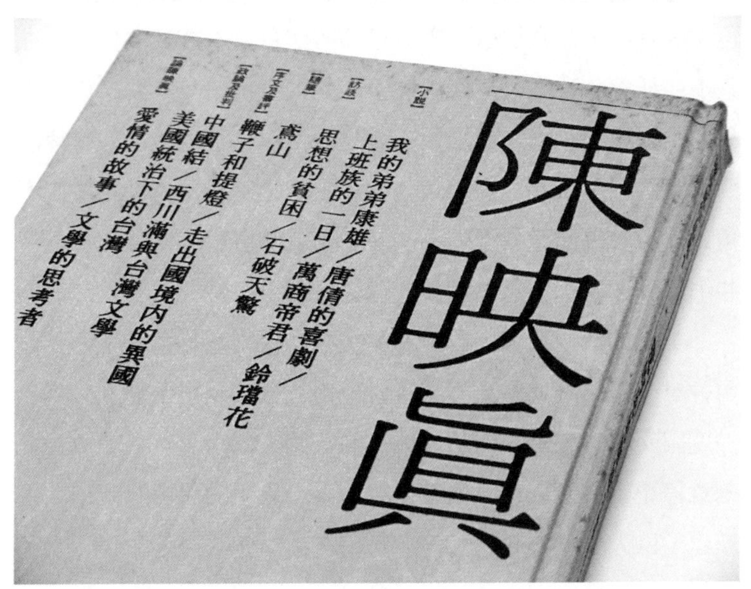

解严后的翌年，陈映真“人间出版社”发行《陈映真作品集》，共有精装与平装两种版本，封面装帧由李男设计，构图只单纯排比书名文字，搭配古雅沉着的篆刻“陈映真作品集”几字，以及简洁的背景色调，不唯充满时代的力量感，也让读者对这些走过高压年代而依然不朽的书名萌生一股崇高的敬意。

《陈映真作品集》（共 15 册），1988，人间出版社，设计：李男

当代设计的美学根基，源自厚实的文化涵养

李男年少时期以诗文成名，余力做插画设计，成家以后为谋生计故，转而投身美术设计。时光飞逝，一转眼就这样过了30年，蓦然回首来时路，历经大时代各种风风雨雨的李男，却每每不改幽默性格，自嘲是“一个很没有历史感的人”。他依稀想起童年时喜欢凝望着那些老师傅画电影广告牌，起初兴致盎然，边看边偷学，但是等到他逐渐掌握某些技法窍门之后，就开始觉得索然寡味，因兴头已过而不想画了。

“人生终究只是一场游戏。”[①]李男感叹说道。

同样地，“设计”这件工作，对李男而言也是如此。他各个不同阶段的设计作品样貌，几乎都随着他个人兴趣的移转而改变。相较于崇尚个人英雄主义的设计师作风，李男认为设计应该更重视的是彼此沟通与团队合作，尽可能满足每个业主的需求及喜好。他不认为设计工作者非得要执着放大自我、表现强烈的个人风格更甚于作品本身的内容。

从事专职平面设计工作多年，李男已将人生中最精彩的岁月奉献于此，截至退休之后，才又再度被文字特有的魅力吸引，想要好好沉浸于阅读文字的乐趣中。他尤其搜读了不少20世纪30年代沈从文、周作人等人的文学作品。“我觉得有特色的文字，其实就跟有特色的画作和设计一样。”李男指出，“你看他们的遣词用字，就像小时候我喜欢观察老画师绘制电影广告牌一样，除了阅读理解内容之外，还会看到他如何用笔、用

① 李男访谈，2015年4月14日，于台北市新生南路老树咖啡。

墨，以及如何配色的整个斧凿过程。”[①]

当前，在西式设计教育和日系设计美学的影响下，李男认为虽然的确培养了不少深具潜力的设计人才，但他觉得可惜的是，包括日本的杉浦康平、横尾忠则、永井一正等设计大师，在他们的视觉语汇当中，普遍都有很强烈的传统东洋文化色彩；相较之下，台湾新一代设计师的作品，与传统文化面貌的联结似乎相对薄弱。而在讲求精练的设计美学背后，亦需要深厚的人文底蕴做支撑。对此，李男建议：身为设计师要多观察身边的事物，并且透过读书来开拓眼界、充实自我涵养，尽可能在忙碌的现代生活中养成固定的阅读习惯。

面对台湾未来的设计教育，李男虽有着深重的忧虑，却也有份殷切的期许。可能的话，除了加强基础教育和人文素养之外，李男盼能建立起更多团队合作的模式，透过实际的委托设计案，让学生“从做中学”，“带着一组人，去做完一个案子，从零开始”。李男指出，唯有借由团队工作的实战过程，才能将你从小到大所累积的个人技艺，进行整合及反思。

历经20世纪70年代沸沸扬扬的乡土文学风潮，陆续参与并见证了《主流诗刊》《草根诗刊》的创生和结束；走过20世纪80年代台湾报业与副刊文化曾经灿烂的黄金时代；与陈映真携手编制《人间》杂志而成为台湾报道文学的里程碑，综观李男早期那些教人难以忘怀的书刊插画、版面设计，不只唤醒了许多资深读者的年少记忆，更可借以窥见那个风起云涌时代下，设计与文化工作者专致戮力的创作精神。

---

① 李男访谈，2015年4月14日，于台北市新生南路老树咖啡。

对李男而言，从事美术设计既是一份养家的工作，同时也是人生的乐趣。他常把自己过去三四十年来的生涯际遇比作一场漫长的旅行，尽管旅途中不乏“人生何杞忧，生涯何其难”的感慨，但他却将这些深沉阴翳的记忆藏在心底，而让自己对美学的念想和浪漫，留存在设计作品与文字图像里。

《人在纽约》，张北海著，1988，合志文化
《从江户到东京》，李永炽著，1988，合志文化

封面设计：李男

李男　年谱

退休后李男沉浸在阅读的乐趣中。（李志铭摄影）

1952　出生于屏东，祖籍苏州，本名李志刚。

1957　5岁，丧母。

1969　参加高雄县“救国团”主办的澄清湖畔文艺营，以短篇小说《大人、小孩、骰子》获得首奖。同时开始尝试写作现代诗，第一首诗作《二又二分之一的神话》发表于《幼狮文艺》，引起诗坛注目。同年与林文彦等五人筹组“草田风工作室”美术设计联谊会，并开始在《幼狮文艺》担任设计插图工作。

1970　屏东高工电子科毕业，旋即进入军校，就读空军通讯专修班。年底在云林虎尾结识作家罗青，初期文学创作受到其影响甚巨。

1971　与德亮、黄劲连、羊子乔、王健壮等人成立“主流诗社”，出版《主流诗刊》。

1975 空军通讯专修班毕业，出版散文集《旅人之歌》。同年与罗青、张香华、詹澈、邱丰松等人筹组“草根诗社”，并发行同人刊物《草根诗刊》，由罗青担任社长、李男负责编印及发行，编辑部就设在屏东市民生路李男住家。年底，接受《中华文艺》主编张默邀请画插图。

1977 出版短篇小说暨评论文集《三轮车继续前进》。同年与德亮合着诗集《剑的握手》。

1978 随高信疆创办《时报周刊》并担任美术编辑。同年出版诗集《纪念母亲》。

1983 高信疆卸任《中国时报》“人间副刊”主编，遂使李男也减少了发挥专才的空间。

1985 《人间》杂志创刊，受陈映真邀请并化名“蔡雅松”负责内页版型与封面设计。同年《雄狮美术》杂志改版，由霍荣龄设计封面、李男专责内页美术编辑。

1986 担任《天下杂志》艺术指导。

1988 台湾正式解除报禁，从《时报周刊》转调《中国时报》，协助改版，增设彩色版设计。

1993 于台北市铜山街成立“李男工作室”。

2002 以周梦蝶诗集《十三朵白菊花》封面设计获颁金鼎奖“最佳美术设计奖”。

2004 参与香港文化博物馆举办“翻开——当代中国书籍设计展”。

2015 参与台北文学季特展讲座“独具匠心——手工时代的文学书装帧设计”。

世界名詩欣賞
人們是否在懷疑每次的戰爭，
永刼不滅的調合，
人們衰褪的虛榮，
消逝了，像五月裏的黃昏
一切都轉向陰暗，
在生命裏殘留着什麼？
除了所有的愛情。
當你擧起了頭，
我便低下了頭，
在不平的波上。
人們
我帶着恐怖在探尋，
深淵裏我在測量，
汚泥和潮水相混的路，
像是我的行徑。
八八
普天文庫之九
卡夫卡論
周伯乃編著

李男 著
旅人之歌
水芙蓉書庫 56
水芙蓉出版社印行

平生愿为造书匠

吕秀兰

“民间美术”的手作情怀

喜爱手工纸信笺、版画年历、线装笔记书、手绣棉布笔袋的读者，或许仍记得，在20世纪90年代曾有一个以“做书的团体”（Make a Hand-made Book）自许的“民间美术”，在台湾文艺界掀起了一股乡土怀古风潮。

时光灿烂，年华似水。

且循光阴的长廊回溯1988年，那一年台湾岛内充满了躁动、激情、渴求自由的氛围，人们翘盼改革、反抗禁忌，包括解除报禁、蒋经国去世、股市飙涨，以及解严后首次爆发的“五二〇”大规模农民运动等，整个社会仿佛亟欲跨入一个追寻理想浪漫的新时代。彼时接受新地文学基金会委托制作海报，而在台北平面设计圈崭露头角、年方27的吕秀兰（1961—　），凭一己之力草创“民间美术”工作室的来龙去脉，便往来穿插在这些历史事件间，彼此交织、辉映。

20世纪90年代中期在诚品书店，常见民间美术所推出的

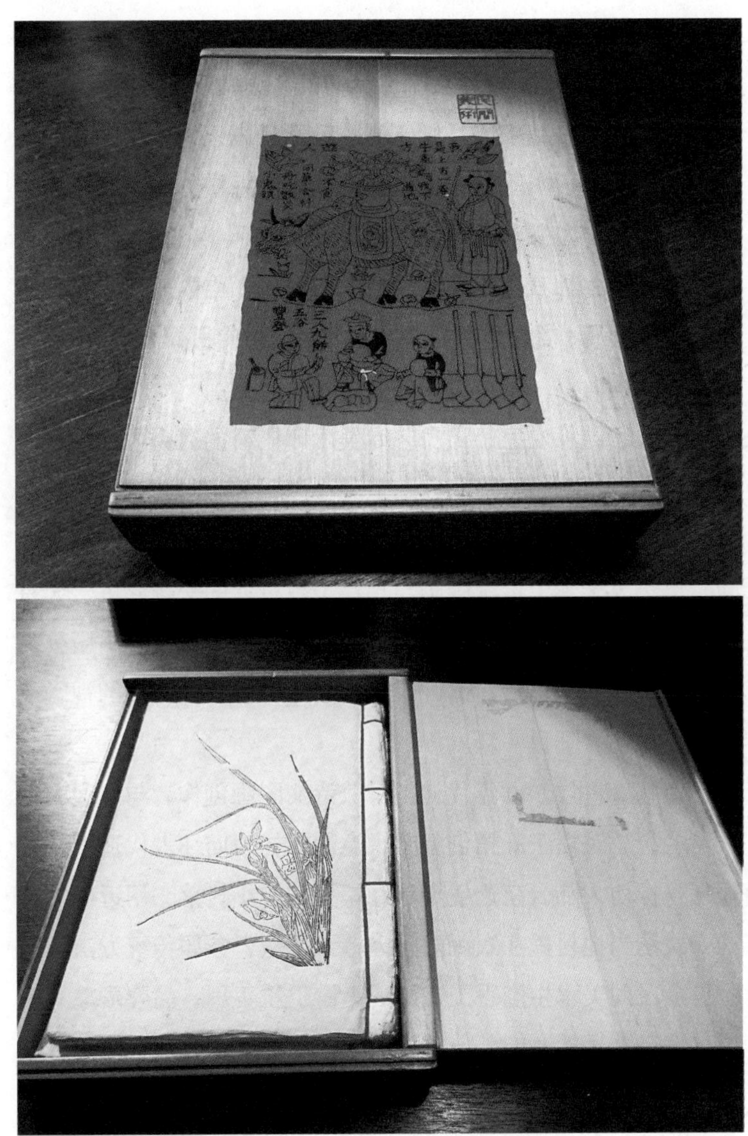

木盒精装棉纸笔记，民间美术（原件提供：林永钦）

纸制作品，琳琅满目，颇受好评，总是卖到缺货，可谓叫好又叫座。举凡各种印刷纸制品——包括以传统版画与水墨作插图、采用长春棉纸厂纯棉海月纸印制的年历日志；结合复古装帧与黑陶工艺的经折本[①]笔记；以及遵循古法以植物染料制作的布染系列商品，如书衣、书包、笔袋、名片夹、经折书袋、背心、桌布，以及各种素色或扎有花色的布料等，由内而外皆朴素古拙的手工质感，凝聚着秀雅浑成的气质，仿佛透露出一股魔力，迅即风靡当时，一整个世代的文青竞相收藏。

生长于纯朴农家、出身艺专美术印刷科的吕秀兰，喜欢在印章上刻画、刻句，写诗、随笔和小说，并且将一枚枚拓纸串册成书，在大量留白的册页里伸展一页又一页的素描与记忆，同时也热衷于乡土传统版画与现代美术设计的交融混搭，无有窒碍。她陆续替大雁书店、新地出版社、派色文化等出版公司制作了许多文学书籍封面，色调明朗而带有朴拙古意的视觉风格，每每让人耳目一新。

回顾20世纪90年代初，身兼诗文图画创作者与出版人的吕秀兰，总是勇于开拓创新、锐意进取，因向往古代造纸技艺而只身探访大陆云南边境金沙江岸一偏僻小村落，用近似认养的方式请当地村民在农闲时投入造纸工作，参照传统方法，一手打造民间美术生产手工造纸的上游卫星工厂，品牌形象和市场口碑迅即远播海内外，就连向来在出版印刷领域自豪的日本人也大为赞赏。

---

① 为中国古代书籍法帖装裱形式之一，主要将一幅图书长卷沿版面间隙，一反一正地折叠起来，首末二页各加以硬纸装订，又称“折子装”，佛教经典多用此式。

从手工笔记本制作、插图设计、书籍装帧乃至复育造纸传统，昔日好友昵称“阿兰”的吕秀兰和民间美术，曾在文化界大放异彩、名噪一时，足以称是开拓台湾本土文创事业的先驱者。

锄耘笔耕是生涯：农家子女的文化大梦

早自学生时代起，吕秀兰便与“造纸”这件事结下了不解之缘。念高中时学美术，而后进入艺专就读美术印刷科，同时又对摄影情有独钟（后来还曾陆续收藏了数十台古董相机）。她天生挟有某种怀旧癖好，平日喜欢“下乡”搜集各类文化古物（如老照片、旧工艺品），并翻摄印制成海报。

及至艺专毕业，吕秀兰进入雄狮美术公司工作，当时她眼见日商在台湾订制的一批手工纸因为库存卖不掉，而被拿来作为包装商品的外皮纸，触发了她日后寻找传统手工造纸的契机。随后，吕秀兰决定前往日本旅行，只为了访查当地流传的古老造纸术。她曾搭上只有一节的小火车，甚至到过只住了一位居民的小村。在日本，吕秀兰打开了传统造纸工艺的视野，但她并不以此为满足。

热爱旅行的吕秀兰，24 岁时独自到伦敦待了 3 个月，其间几乎每天都去大英博物馆“报到”，浸淫在馆内所收藏的敦煌文物展览当中。有一天，她在展出的石雕作品旁发现一幅民间画家手绘的“南无观世音菩萨”，图画边缘有一行题字：“清传佛弟子缝鞋靴匠索章三一心供养”。字迹朴拙、浑若天成，让吕秀兰感悟到千百年前这位民间工匠透过一张纸所传达的纯挚心意，并深深动容。从此她便化名为“索章三”，期勉自己要一辈子做个“一心一意”默默耕耘的造书匠人。

日出黑陶经折笔记，民间美术（原件提供：林永钦）

当年作家简媜形容她：“背个黑色大书包，齐耳的头发，框着很深的近视眼镜，皱皱的衬衫配泛旧的牛仔裤……身上散发着极为浓郁的乡土气味，完全嗅不到城市的习气。”[①] 自云是种田人家的孩子，童年记忆里除了经常帮父母务农工作之外，印象最深的便是在黄昏时分天色暧暧之际，在晒谷场上玩一些追打的游戏，父亲这时候就会坐在他的藤椅上，听着老唱机放送那一首又一首缓慢而低重的歌。

农家背景使然，吕秀兰向往“守拙归田园”，以布衣清贫为乐，殷切企盼着在深厚的民间土壤里发掘、浇灌理想的活水源头，遂于 1988 年，她年方 27 岁时，独力创立了民间美术。

创业初期，民间美术受限于硬件条件，一开始采取与纸厂合作的模式，由吕秀兰提供概念，再委由长春棉纸厂制作。早年民间美术只一两人，吕秀兰为了让作品有更完美的呈现，开始深入研究纸张印刷、植物染色、手工装帧等细节，经常与工作人员一整天都“泡”在工作室或印刷厂，直到做出令她满意的成品，方才罢休。

展卷翻览民间美术书物，常有似曾相识、如见故人之感。综观吕秀兰化名“索章三”撰述出版的年历笔记，内容大都具有相当浓厚的半自传色彩，无论书页间的心情随笔或插画涂鸦，字字句句总是勇于揭露自身最赤裸、也最真实的内心世界。

在形式上，民间美术作品大多采取笔记书、年历札记的概念，开本有方有长、尺寸多样，封面材料则以土纸土布为主，或用麻线手工装订，或用一般穿线胶装，甚至亦有不施刀削的

---

① 简媜，1989，《粗茶淡饭——顺道说说大雁的逸事》（序），《下午茶》，台北：大雁书店，第 17 页。

翻览早年民间美术所发行一系列笔记书、年历札记，编排内容以梁坤明的台湾民俗版画与素人绘画等乡土元素为主题，且纳入民间二十四节气为时间量度，图文相映，可谓详细记录了台湾 20 世纪五六十年代城乡社会的风土民情。

《思想起》《黄昏的故乡》年历笔记本，1990，民间美术

毛边装帧成册。吕秀兰特别强调回归乡土、崇尚自然和手工制作（如版权页皆采用吕秀兰手写字印刷），拒斥被现代工业化体制抹除了个别差异的商品思维（民间美术不仅限定每本书的发行量，甚至坚持所有出版品都不申请 ISBN 国际书号），特别强调传统工匠精神、回归自然，借此呼唤知识分子走出象牙塔、步入民间，求得人与环境的共生，以及彰显在地文化的主体性。

1996 年，民间美术公司从台北东区（民生东路巷子内）搬迁到淡水（新民街一带），吕秀兰在山上租了一幢古宅当工作室，里头大大小小的修缮工程乃至家具，都由员工亲自动手做。吕秀兰认为，一个人处理日常生活的能力乃是一切工作的基础，因此她会要求每位新进员工从上菜市场买菜做起，每天和同事一起踏实、简朴地过日子。“工作室的人，就好比一个人种一块田，工作状况好不好，不需要检查，只要看菜种得好不好，就知道了。”[①] 吕秀兰如是说道。

短短数年间，随着民间美术各式手工笔记书在市场上大受欢迎，受到愈来愈多“识货者”青睐（据说销售最鼎盛时，忙到连货都补不及），销售据点很快从台湾岛内拓展到香港，甚至一度外销到日本、法国与美国等海外市场。然而，尽管民间美术的发展事业蒸蒸日上，但身为一家公司经营者的吕秀兰却从不把民间美术的产品当成一般商品来看待，更把每一位员工视同自己的亲人朋友。

“民间美术赚什么？如果能真正培养出一个优秀的文化人才，才算民间美术赚到了。”[②] 诚如所言，这就是吕秀兰自

① 引自《索章三的书》，1990 年冬纪念刊本，民间美术企划制作。

② 夏瑞红，2001，《吕秀兰式革命》，《讲义》第 173 期，第 146—151 页。

《棋王　树王　孩子王》，阿城著，1986，新地出版社，封面设计：吕秀兰
《牡丹鸟》，陈烨著，1989，派色文化，封面设计：吕秀兰

认肩负着一份文化使命感的用人之道与经营哲学。

此外，生性浪漫洒脱的她，还曾办过报纸形式的文艺杂志。1989年她号召一群文化界朋友，共同出版发行了一份以农民历二十四节气为出刊日期的《文化慢报》。

回想当初《文化慢报》创刊发表时，民间美术还特地举办了记者会。彼时曾参与该报撰述及编务的王镇华追忆道："记得阿兰那时候请了五六位主编来跟记者见面，其中包括林谷芳，他是负责主编那一期的音乐文化版，就叫我写李双泽，这是我第一次写别人的小传，居然因此留下了很重要的一篇数据。""阿兰还特别为《慢报》设计了一种纸桶包装，同时也跟超商洽谈营销通路的合作，但这件事情后来可能让她赔了不少钱……"①

此一刊物的出现，反映了台湾自20世纪80年代初期以来，逐渐苏醒的社会集体氛围，无论在政治、经济、文化等各方面皆出现了空前剧变。其后更因各种社会运动爆发、民间力量蠢蠢欲动，许多青年知识分子纷纷受到外来思潮启蒙，都在寻找一个可突破的缺口，进而掀起一波波"回归乡土"的时代浪潮。《文化慢报》毋宁也适时呈现出一种向往草根的、庶民的、前卫的气息，报道内容囊括摄影、美术、音乐、戏曲、建筑、电影与童话等丰富多样的领域，版面分类命名亦别具巧思，比方"店仔头版""摇篮版""野台版""路边摊版"与"思想起版"等，颇有浓浓的复古风味。然而可惜的是，没过多久，这份刊物即迫于销售管道成效不彰以及财务经营等问题而停刊，前后存在时间大约一年。

---

① 访王镇华谈吕秀兰，2015年9月15日，于新北市永和区"德简书院"自宅。

“走路的时候，朋友问我，你都是一直看着地上走路的。我告诉她说：只要看到脚走路的样子，就可以知道那个人的样子。而且在都市里，看人的脸，心里负担其实很重。都市的红绿灯，我常常只是把它拿来参考一下而已。但是对于一种声音，我一定会停下脚步的，那就是上下学的学童，在纠察队的指挥哨声下前进。”——节录自《索章三的书》

《索章三的书》，索章三著，1990，民间美术

结合古老农民历与现代美术的年历笔记书。《变天》，1991，民间美术（原件提供：林永钦）

“爱一个人。就不要用写的。因为。一辈子。FOR EVER 我写了一下。没多久就写完了。”《在爱情的屋檐下打零工》是一本关于爱情的手札，全书没有页码、目录、印刷字体，作者吕秀兰化身为古代民间工匠“索章三”，以如诗的笔调，随意涂鸦的手写字与线条，速写生活所见所闻，抒发内心所思所想，宛如一本记录生命片段的剪贴簿，一笔一画皆饶富兴味，真实而不造作。

版权页则一如民间美术其他出版品，皆采手写字印刷，且不申请 ISBN 国际书号。

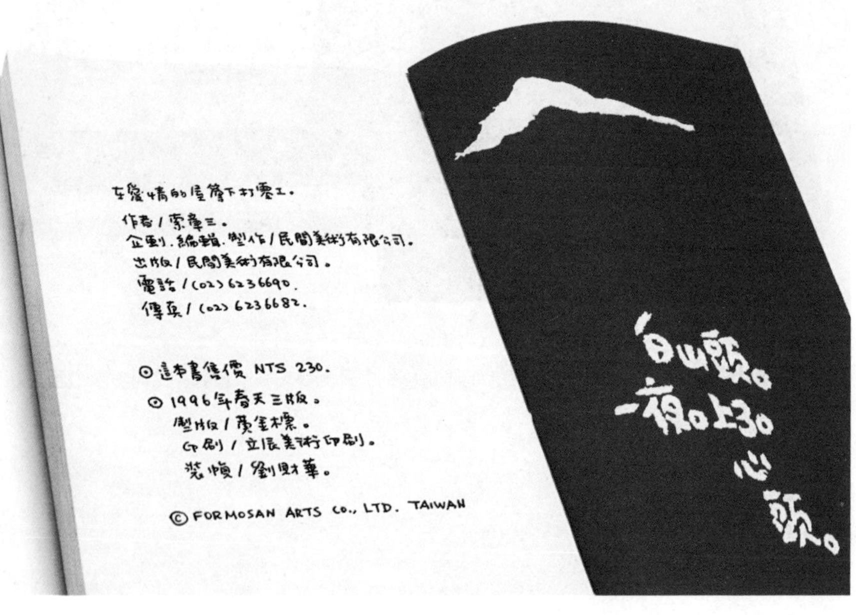
在愛情的屋簷下打零工。
作者／索章三。
企劃.編輯.製作／民間美術有限公司。
出版／民間美術有限公司。
電話／(02)6236690.
傳真／(02)6236682.

◎這本書售價 NTS 230.
◎1996年春天三版。
製版／黃金標。
印刷／立辰美術印刷。
裝幀／劉財華。

© FORMOSAN ARTS Co., LTD. TAIWAN

《在爱情的屋檐下打零工》，索章三著，1994，民间美术

《结婚式》年历笔记书搜集、记录了四个台湾本土家族的影像叙事，透过将早年结婚典礼的老照片加以剪裁、重新拼贴，象征你我从个体生命乃至族群历史的繁衍与再生，不禁让人勾起离家以后的浓浓乡愁。

写给妈妈的字：“此时此刻，一个接近下午的黄昏。我和母亲在番薯叶里交谈。于是我看到了绿色的声音，下雨了，现在我正坐在台北顶楼的院子。在冬初的夜晚。我看见了照片里母亲和她的阳光。”对吕秀兰而言，在故乡淡水老家务农的母亲，一直是她内心深处无可取代、最重要的创作情感根源。

《结婚式》年历笔记书，1994，民间美术

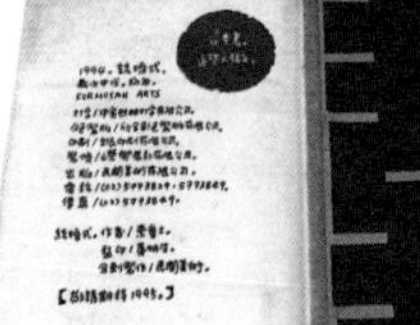
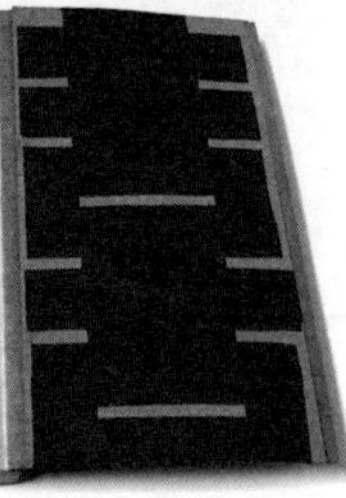

“有就报，没有就不要乱报！”己巳年冬至前三日（1989 年 12 月 20 日）民间美术发行《文化慢报》试刊号，庚午年立春后三日（1990 年 2 月 7 日）正式出报。一年分二十四节气出报，大寒、小寒休息不出报。

《文化慢报》外观包装采用瓦楞纸圆筒设计，自有一份儒雅、大方的气息。（原件提供：孙其芳、Vicky）

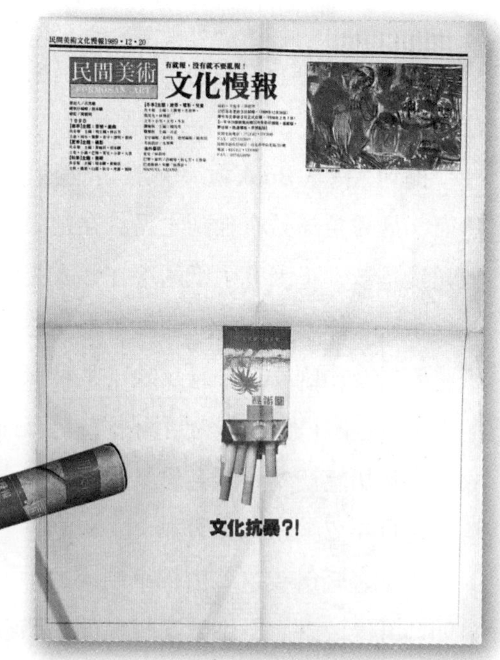
民間美術文化慢報1989・12・20

民間美術
FORMOSAN ART

有就報，沒有就不要亂報！

文化慢報

文化抗暴?!

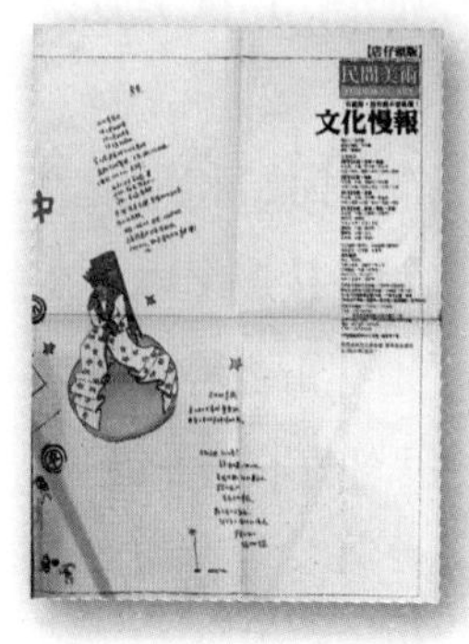
民間美術

文化慢報

只因有夢未醒

制本的浪漫：从民间美术到大雁书店

执迷眷恋于手工书的制作，对吕秀兰来说就像是一种自我疗愈。

提到“书”（Book），一般读者往往以为首要关注的是内容。然而，吕秀兰却另有独到之见。在她眼中，构成一本书最重要的元素是纸，正因有了纸的存在，人类的文字与思想得以透过此一物质载体不断流传。而一本书质感的优劣，通常也取决于纸张原料及印刷质量，且反映了某种深层文化意涵。比方她采用大理“扎染花布”[①]作为封面书衣、装订制成了一部唤名为“布衣”的年历笔记本，顾名思义有返璞归真、淡泊平民之喻，令读者赏玩再三，余味无穷。

当你轻轻触摸这些由棉纸制成的手工笔记书，那种具有明显凹凸纤维纹理、既细致又粗糙的手感氛围，就是与一般纸感觉不一样，总教人心中涌起一份淡淡的感动。怀抱类似癖嗜的“死忠”读者，想必对于当年民间美术从内到外、弥漫于册页之中如泥土般的温润气味最是难忘。

1989年，岁次己巳，蛇年。那年春夏，作家简媜和张错、陈义芝、陈幸蕙、吕秀兰五人合办“大雁书店”，接连出版了十种书，本本装帧素雅、掷地铿锵，颇有一阵平地春雷之势。彼时从纸张、封面到整体美术设计，皆交付吕秀兰民间美术一手包办。

---

① 流传在云南大理地区的一种民间工艺，广泛应用于布料染色和图案制作，古称扎缬、绞缬、夹缬和染缬，大理人则俗称为疙瘩花布或疙瘩花，染色时将布紧紧扎起，扎绑处因染料无法渗入而形成自然特殊图案，主要使用板蓝根及其他天然植物进行染色，故成品大多为蓝白色，一般既不会褪色，也不会对人体造成伤害。

“吕秀兰善于把狂想落实在现实，在她心目中似乎没有不可能的事情，”根据大雁发行人简媜回忆，“她几乎像一头野牛，不可能也不可以被既定的栅栏圈住…… 她把一本书当作活的生命，能呼吸、能言谈的生命，而不是一堆铅字与几根线条而已。面对这样的人，我唯一能做的决定是：把大雁当作你的，爱怎么玩就怎么玩！”[①]

诚如简媜宣称：“做出版，必须感情用事。”彼时某一日午后在民间美术工作室，简媜、吕秀兰与她的工作伙伴林焕盛三人同坐在地毯上想象书的脸谱：“可不可能一本书的封面、纸张，摸起来像婴儿脸上的茸毛？”“很轻、很软，随便卷起来读，手怎么动书就怎么卷！”“不要上光上得滑滑的，像泥鳅！”“不要五颜六色的，我希望简单、朴素、有点古书的感觉！”“让读者先对书产生感情，再来读书！”“要中国自己的味道。”[②]

因此，从造纸开始，他们便与长春棉纸行长期合作，不断地尝试、修整，最后终于顺利制作出适用于大雁书籍封面与内页的理想手工造纸。其中《大雁经典大系》包括卞之琳《十年诗草》、冯至《山水》、何其芳《画梦录》与辛笛《手掌集》等 20 世纪 30 年代中国现代诗坛赫赫有名，而台湾读者却缘悭一面的金石之作。其封面皆采用带有草纹的松华纸，内文则用正反面粗细不同的山茶纸，每种书共印 2000 册。另一《大雁当代丛书》系列，则以简媜的《下午茶》与《梦游书》，以及席慕蓉的《写生者》、陈义芝的《新婚别》等台湾当代名家作

---

① 简媜，1989，《粗茶淡饭——顺道说说大雁的逸事》（序），《下午茶》，台北：大雁书店，第 23 页。

② 同上书，第 22—23 页。

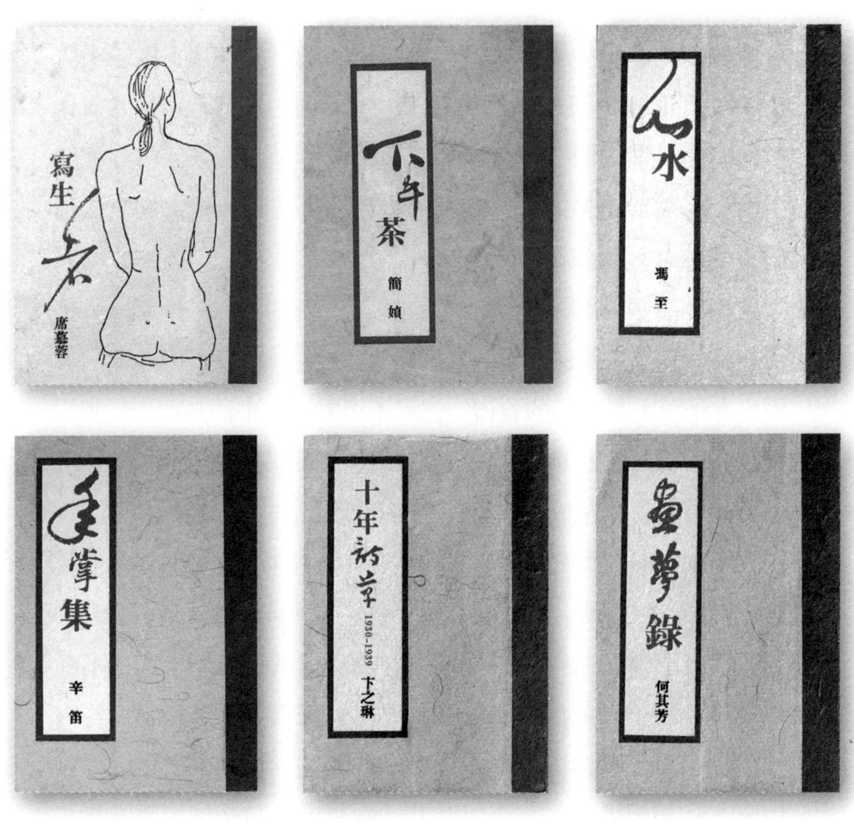

《写生者》，席慕蓉著，1989，大雁书店
《下午茶》，简媜著，1989，大雁书店
《山水》，冯至著，1989，大雁书店
《手掌集》，辛笛著，1989，大雁书店
《十年诗草》，卞之琳著，1989，大雁书店
《画梦录》，何其芳著，1989，大雁书店

封面设计：吕秀兰

品为主，封面为鲤纹云龙纸、内页海月纸，甚至每本书的装订与裱褙都是由手工慢慢糊出，部部版刷精美、古雅脱俗，俨然一派线装书风味。

当年大雁产制的书册质感精致，堪称“台湾出版物最好的用纸和装帧”，从1988年草创，乃至1993年歇业，短短5年间共出书14本[①]。如此耗时费心的制作毋宁投进了极高的成本与热情，可惜的是，由于不谙出版通路经营、缺乏市场营销概念，加上出书成本太高（然每本定价不超过200元，甚至一次购全《大雁经典大系》四本不仅享八折优惠，还赠送绢印坯布书袋），致使财务资金严重透支、入不敷出。原有的小众读者市场短期内难以扩大，书店的退书量日增，最终难以为继，因此结束了一场作家文人偕手鬻书从商的出版梦。

话说“命运起落，祸福难料”。大雁书店结束之后，又隔了许多年，这些书籍辗转流通到旧书二手市场，如今都成了藏书爱好者争相竞逐、行情水涨船高的珍藏稀本。

无论哪个年代，当真确是“书籍自有它们的命运”。

“纸路”寻踪：因喜爱纸而学造纸

“你要用心去观察思索，一把青菜从农地拔下来，摆在市场上跟你见面让你买回家的这个过程，然后再回头反省我们怎

---

① 包括《大雁经典大系》的卞之琳《十年诗草》、冯至《山水》、何其芳《画梦录》、辛笛《手掌集》《回忆父亲丰子恺》，以及《大雁当代丛书》的简媜《下午茶》、席慕蓉《写生者》、郑宝娟《单身进行式》、陈义芝《新婚别》、陈幸蕙《被美撞了一下》、张错《槟榔花》、罗自平《霜叶红于二月花》、许慧娴《画眉深浅入时无》、简媜《梦游书》共14本。

么做一本书拿到市场去卖。”[①] 吕秀兰如是说道。

举凡大雁书店令人惊艳的手工装帧文学书，抑或民间美术广受青睐的年历笔记本，所使用的棉纸原料概皆以复育传统的纯天然植物染料萃取制成，手感细柔、色泽如丝，而在取材研制的过程中，吕秀兰也试图寻找出一条与自然和谐相处的共生之道。

为了寻找心目中既不会对自然环境造成污染，且又蕴含传统与当代人文精神的理想用纸，吕秀兰经常透过旅行及阅读拓展眼界、反复求索。

1990 年，她在法国巴黎一个旧书摊买到一本中国大陆早期出版的《中国造纸技术史稿》，书中约略提到植物造纸技术。“因为不小心买了这本书，也就不小心来到了金沙江岸的造纸小村。”吕秀兰说，“书上记录的这些地方，后来我都去找过了，但是文革之后，这些地方的文明技术大部分都被毁了。即使有些地区在文革之后恢复造纸事业，但大部分也都成了机械化的制品。”[②]

于是，她从巴黎的书摊追到云南昆明，又追到大理“三月街”，终于在金沙江岸附近山区找到了一偏僻聚落。

根据吕秀兰的访查，这一群生活在金沙江岸的村民隶属白族，世代皆以造纸为生，所造的纸张用来与其他村落居民交换白米或日用品，三个村落总计约两三千人，几乎每个人都拥有熟练的造纸技术，且自清代以降即为向朝廷朝贡纸张的造纸重镇。

民国以后，这些古老的造纸技术逐渐失落，经过吕秀兰锲

---

① 夏瑞红，2003，《漫溯生命的源头——吕秀兰用“民间美术”向红尘托钵》，《人间大学：十五则来自不同生命体的故事》，台北：经典杂志社，第 59 页。

② 周月英，1992，《重返自然的造纸艺术——访“民间美术”负责人吕秀兰》，《广告杂志》第 17 期，第 49—53 页。

民间美术使用大理“扎染花布”制作书衣、装订制成了一部年历笔记书，取名为“布衣”。书内一隅刊印着关于这件布衣染色植物的说明：布衣染料为板蓝根。中药名，十字花科植物，菘蓝的根。性寒，味苦。功能清热，凉血，解毒。主治热病、发斑、咽喉肿痛及丹毒等症。（原件提供：王镇华）

《布衣》年历笔记书，1992，民间美术

民间美术使用大理“扎染花布”制作的书衣与小书包。（原件提供：王镇华）

而不舍的探寻，遂让此一几乎快要成为绝响的传统工艺绝活得以重现于世。

当时，她毅然决定先在村里住下，然后费近一年时间，耐心说服并出资聘雇当地村民栽种原料植物、试验染色及造纸，引导他们使用传统手工方式制作出柔韧绵薄、宣称生产过程零污染的“三村笺”[①]。

有趣的是，由于每名工匠抄纸时的水质、温度、染料，以及个人情绪、身体和手感等方面的细微差异，都会在每张纸上留下不同痕迹，包括每根纤维、纹路和孔隙等，仿佛就像是会呼吸似的，充满着鲜活的个性，因此每一张纸毋宁都有着独一无二的手工质感，以及造纸人的心血浇灌其中。

正所谓“纸有魂，物有灵”，使用这些“会呼吸”的纸张为原始材料，吕秀兰一一制成了民间美术匠心独运的信笺、笔记本、年历、日志、手工书等，随后更陆续发展出十余种相关书物产品。另基于“纸、布同源”[②]的概念，除了金沙江岸的三村之外，在泰北靠近缅甸的地方，吕秀兰也开发了占地将近二十公顷、规模相近的人力资源，进行布料实验，后来甚至研发出百余种以天然良性植物为染料的染色系统，接连开创了笔袋、书套、书包、名片夹、桌巾与布料等一系列草木染布文具制品，色泽缤纷、美不胜收。

1991年，吕秀兰从云南返台，旋即筹办了一场别开生面

① 根据民间美术发行产品文案解说：“三村笺”乃是利用汉代和唐代时期的造纸技术制成的一种手抄纸，主要原料为麻、桑、楮，由西藏、云南边境金沙江岸一偏僻小村落的少数民族生产。

② 意指用于造纸及织布的原料，皆来自棉、麻、亚麻、黄麻、苎麻、剑麻等作物的植物纤维提炼而成。

“念”“读”“乐”：民间美术一系列翻页小卡片的笔记书。封面一字之喻，韵味无穷。（原件提供：王镇华）

的“纸路”观念展。场内陈列的文字和图片版面并不挂在墙上，而是长长地铺在大厅中央。“我要让参观者改变绕墙走的习惯，”吕秀兰语带几分幽默地说，“对养育万物的土地，人们应当虔诚地低下头。”[①] 这正是她平常走路的姿态。

尽管民间美术所研发的“三村笺”并未能完全重现当年许多早已失传的中国古代名纸，但它至少找回了一个新的起点，为人们开辟了一条联结传统与未来的“纸路”。

民间美术不断尝试以“书”的形式，寻求零污染的造纸古法，借鉴传统，走入民间，借此推展手工生产和乡土设计，同时作为解读现代人生活处境与当下台湾社会文化的起点。

“创办‘民间美术’，我一直很认真做我觉得应该做的事。”吕秀兰强调，“在这过程中，我学会了踏实与谦虚，学会了尊敬过去的人们，他们能在人与自然之间取得了一种比较友好的关系。”[②] 相对于现今讲究快速经济效益、工业大量印刷的机械化模造纸，彼时民间美术不唯专注于复育古法造纸，亦从其造纸材料取用的过程中发展出一套“与自然共生”的精神原则，并由此树立一套独特的手工制本美学和装帧典范。

针对早期 20 世纪 80 年代兴起的环保概念，吕秀兰反倒提出更深刻的质疑，“仅仅只要求把错误降到最低，难道就不是错了吗？”“不是！那一样是错的。”[③] 吕秀兰认为根本之道在于，你我应该回溯到环保口号出现之前，重新找回古老时代

---

① 郭净，1993，《做书的吕秀兰》，《读书》第 175 期，北京：三联书店。

② 吕秀兰，1996，《回归原点，纸布为路》，《人生杂志》第 157 期，第 44—47 页。

③ 同上。

民间美术发行的年历日志、笔记本，皆是用以传统手工方式制作的“三村笺”为原始材料，每一张纸的纤维、纹路及孔隙不同，造成了手感上的细微差异，就像是会呼吸似的，充满鲜活的个性。（原件提供：王镇华）

“我想有一天，我将找到一种方式，在一个像这样的一本书里面，做一个属于我自己的展览。”翻览书页的图章上，印有一只小毛驴，那是当年吕秀兰在四川山区遇到的，随即将它买下用来搬运纸张并作为交通工具，后来便成了吕秀兰心中象征“纸路”的精神图腾。

—《结婚式》年历笔记书，1994，民间美术

民间美术笔记书，在折页上印制《心经》，摊开时尤可感受“三村笺”独一无二的纸张质地。（原件提供：王镇华）

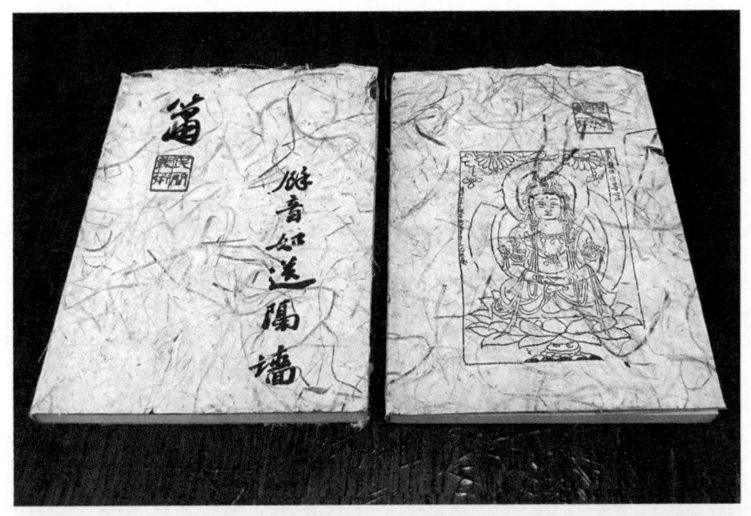

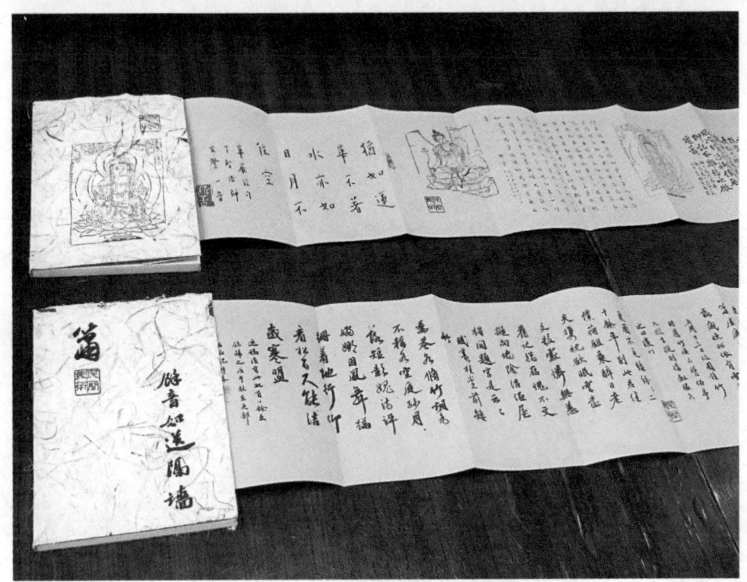

民间美术笔记书，折页中所印的佛像乃是典藏于大英博物馆的五代时期敦煌观音菩萨像，书法则选自弘一法师遗墨。（原件提供：王镇华）

《坏女人和坏男人》，苦苓编，1990，派色文化，封面设计：吕秀兰

《拥抱台湾》，蔡信德著，1990，派色文化，封面设计：吕秀兰

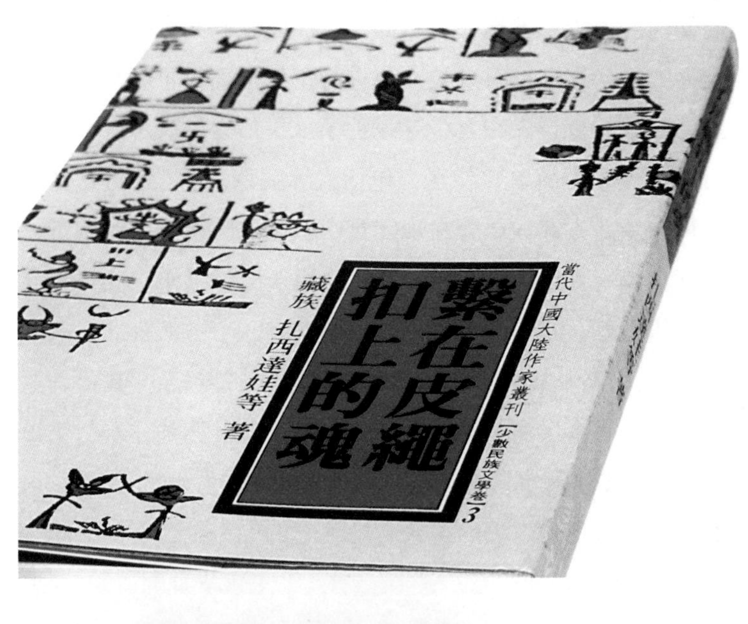

“当代中国大陆作家丛刊”少数民族文学卷系列，扎西达娃等著，1987，新地出版社，封面设计：吕秀兰

人们如何努力维系着被大自然养育、彼此互利共存的生活态度及生存方式，这亦是对人类文明进行一种全面的重新检讨。

“生根的事得先在自身寻找种子。”吕秀兰表示，“我的生活就过得非常简单、朴素，包括人际关系。”[①] 透过这样简朴自得的生活方式，尽管在现实当中依旧不时遭遇某些困难，却更能获得一种单纯的快乐，并且也由于生活简单，相对也易于从身边一草一木得到启发。

有句话说：“溯于母体，衍发于土地。”母亲，在吕秀兰内心深处是一个极深的根源。昔日曾与吕秀兰亦师亦友的王镇华回想起一则小故事，“有一次她母亲从淡水去看她（指吕秀兰），就拿了自己家里田里面的蔬菜，她不吃的……她舍不得去吃这个菜，于是就放在那边看，一直看到烂。”王镇华娓娓道来，“那个东西对她来讲，其实就是她母亲对她的关怀。另外，当时阿兰的工作室里还有一张全开的海报，是用再生牛皮纸印制的，上面印着她母亲的图像，我看到以后眼泪都快掉出来了。”[②]

从土地长出来的文化最为动人。

回首顾盼民间美术，俨然就像是由吕秀兰亲自悉心刨土、耕耘、灌溉，供其文化美学滋长的一方土壤。而这块土地，既能养出庄稼（生产手工笔记书、年历等作品），同时也养人（培养人才）。

衡诸岛内当代艺文出版、设计美学的发展史，吕秀兰完完全全就是一个地道的现代农人，她意欲衔接起过去匠人手艺的传统，在工商业时代的市场环境下，努力遂行古老农业时代之

---

① 吕秀兰，1996，《回归原点，纸布为路》，《人生杂志》第 157 期，第 44—47 页。

② 访王镇华谈吕秀兰，2015 年 9 月 15 日，于新北市永和区“德简书院”自宅。

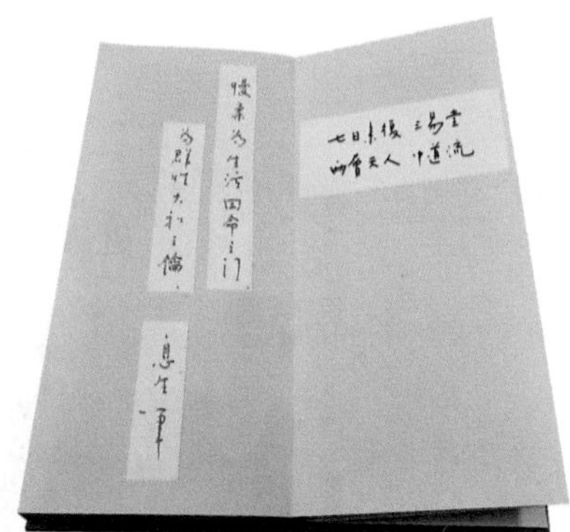

经折装笔记本，民间美术。（原件提供：王镇华）

事，期让民间美术的每件作品，都蕴藏着土地的记忆、作者的感情，以及手感的温度。

“所有传统社会的古意，其实就是先知。”[①] 王镇华如此形容吕秀兰。

从民间美术到《文化慢报》，虽仅存在短短十余年（1988—2006）[②]，观诸吕秀兰的种种事迹与工作思维，无疑都跟她自身的成长环境、生态理念紧密结合，甚至要比现在的人走得更远、想得更深。探究其源头活水，即在于复苏传统、发掘历史，这亦是能够超越时空、历久弥新的。

---

① 访王镇华谈吕秀兰，2015年9月15日，于新北市永和区“德简书院”自宅。

② 民间美术后期经营大约自2006年以后逐渐从市场退出，关于吕秀兰选择隐退有诸多说法，至今仍莫衷一是、众说纷纭。

吕秀兰　年谱

民间美术的主要成员。右起：掌管财务的吕秋燕、吕秀兰、负责外务的黄明生以及助理蔡志贤。摄于20世纪90年代初期。（王镇华提供）

1961　出生于淡水镇水碓里，家中以务农为业。

1982　艺专美术印刷科毕业，随即进入雄狮美术公司任职。

1985　前往英国伦敦旅居3个月，因在大英博物馆观看敦煌大展而深受感动，并以场内展出一张菩萨画像上题署古代匠人“索章三”为笔名，借此提醒自己“要当得起默默无闻的普通人”，而且要永远“一心一意”。

1988　接受新地文学基金会委托，为其主办的“第一届当代中国文学国际学术会议”设计海报，并以购自长春棉纸行库存十余年的长纤维手工纸进行印制，颇受好评，从而开启研究纸张的兴趣。其后，创办“民间美术”工作室，开始致力于探索古代造纸方法，同时推出第一批“棉纸年历”作品。7月，与作家简媜、张错、陈义芝、陈幸蕙合办大雁书店，从创办到结束的五年间（1988—1993）陆续出版《大雁当代丛书》和《大雁经典大系》共 14 种文学书，由简媜担任发行人、吕秀兰担纲设计总监。

1989 号召一群文化界朋友共同出版发行一份以二十四节气为出刊日期的评论刊物《文化慢报》。

1990 游历法国期间，在巴黎的旧书摊上买到一本中国大陆 20 世纪 50 年代出版的《中国造纸技术史稿》，从此益发醉心于钻研造纸艺术。

1991 造访云南昆明边境的金沙江岸、隶属白族的“三村”造纸村落，一年之内陆续出入五六回，返台后随即筹办“纸路”观念展。

1992 在西藏边境寻访到一个几近绝亡的少数民族“纳西族”，并找到当地唯一一位熟悉该族造纸技术的“东巴”（该族古代贵族阶级）。

1993 企划发行民间美术年历，并且附带一卷记录“造纸的声音”录音带，让读者借由听觉感受造纸的过程。

1995 应诚品书店年度耶诞卡展之邀，民间美术开始尝试卡片设计。

1996 民间美术工作室从台北东区搬迁到淡水。

2006 当年度民间美术年历记事簿停止出版。

2010 暨南国际大学通识教育中心于 5 月 3 日至 28 日在人文艺廊第一展览室举办“问候 · 平安——‘民间美术’绝版藏品回顾展”，共展出手工纸品、扎染布品、书包、笔袋、民间趣味问候卡、万用卡与笔记本、经折等经典作品近两百件。

（林秦华摄影）

民間美術
年曆1991
歲次辛未·羊年

后　记

书籍装帧与人们对书的热爱往往密不可分。

但凡爱书恋书之人大抵深信，每本书里都住着灵魂，其印刷纸张与装帧工艺就像是魔法般，一页页翻开，反复摩挲、耽溺于一种极其私密的触感和温度，微闻那印刷油墨深深地嵌进纸张纤维的气味，仿佛便可听见它们在耳边低鸣，传到心坎里去。

遇见一本装帧细致、美丽的书总能让我细究许久，倘若是有来头的、有故事渊源的书，那更是人欲罢不能了。

犹然想起过去这几年，每当我受邀前去各地城市或学校演讲，总要抽空走访当地的书店，偶然间的书缘和际遇虽各不同，倒也引我逐渐寻获、累积了一些台湾早期装帧设计独具风格而令人惊艳之书，同时更为我带来许多美妙的回忆和乐趣。

这些有缘搜得的旧书，既属于它曾经所在的时代，又能经得起日后岁月的淘洗，跨越当前的时空，乃至于参照今日的某些书籍装帧，竟还不及当年朴拙素雅的封面设计来得有感染力。

所幸，在网络传播快速、纸本阅读被视为愈来愈不合时宜的当下，仍有许多爱书人兀自追求着淘书、读书的乐趣，并且透过纸本书的装帧印刷、版本的考掘，解读一个时代的文化现象。

且看本书辑录这些战后70年代到90年代期间的封面设计，不禁令人怀想昔日纸本书籍手作气味的独一无二，包含它在历史上的发展足迹，以及装帧外观的各种形制变化。翻看其笔下线条流转、印刷装订的纸上技艺虽仅在方寸之间，但观作品背后所隐含独特而丰富的文化内涵，却宛如书海浩瀚、天地辽阔。

对此，首先我得要诚挚地感谢《装帧列传》书中愿意亲自接受访谈的诸位传主——黄永松、王行恭、霍荣龄、李男、林崇汉与徐秀美等早期台湾美术设计界的前辈们，以及在采访过程中协助还原历史记忆，并且不吝提供许多回忆记录——包含早期的老照片与其他相关文件史料的阮义忠、霍鹏程、郭英声、王镇华、林永钦等诸位老师，还有热心而大方相赠、出借《文化慢报》的Vicky与孙其芳小姐，另外也要谢谢“汉声巷”店长郑美玲、编辑部罗敬智的居中联系与热切招待。

再者，我要特别向已故美术设计家凌明声的夫人李绍荣女士，以及他的女公子凌嘉小姐致谢，感谢你们多年来悉心保存了凌明声生前完整的照片影像、图文手稿和新闻剪报等珍贵数据，同时也相当热心地提供了诸多访谈上的协助，使我在个人能力极为有限的条件下,得以尽可能呈现当年历史的精彩面貌。

非常谢谢前辈设计师刘开，我永远记得那天下午到您工作室拜访、彼此聊天的一席话，至今仍令我颇受启发、感悟良多。但很可惜的是，直到最后我都无法说服您接受进一步的深度访谈并且写入书中，乃为这部《装帧列传》最大的遗珠之憾。

然而，我也能够理解，所谓的爱书人，莫不希望拥有一个静谧的空间，仅跟自己对话，抑或将那个不愿曝光的自己，藏身在他人不知的角落。但只要随身带着一本书，就有了某种厚实的安全感，时间便在安适中静静地流淌。

于此，我更要由衷地感谢能够在百忙之中替拙作撰写序文的诸位作者：身兼教师、设计师与策展人的李根在兄，以及这十多年来在写作路上持续给予支持和鼓励的“旧香居”女主人雅慧（吴卡密）。

谢谢“旧香居”书店友人梓杰、浩宇、小璃以及吴伯伯在平日店内下午茶时间的闲聊漫谈与殷殷关切。

最后，我必须衷心地感谢远流出版公司总编辑黄静宜对于拙作的关爱和用心良苦，执行主编蔡昀臻于编辑过程中费心替全书润饰书稿、修整枝叶，并且不断协调沟通诸多烦琐的出版事宜。除此之外，美术设计林秦华独出构思的内文排版与封面设计更赋予了这部《装帧列传》一幅清新而隽永的装帧面貌，我由衷地向各位致上最诚挚的谢意。

常言道：设计的艺术真谛是不能教的，它只能从过去的经典当中被发现。正是在前人丰厚成就的激励下，新一代设计师才能体会什么是“任重道远”。

附录

参考文献与图片来源

王力行，1987年5月，《镜头诠释大地——阮义忠的蜕变历程》，《远见杂志》第11期，台北：天下文化。

王行恭编纂，1992，《日据时期台湾美术档案：台展府展台湾画家西洋画、东洋画图录》，作者自印。

王哲雄，1990年8月，《忧郁美学的新图象——评徐秀美近作展》，《艺术家》第183期，台北：艺术家杂志社。

王蕾雅，2003，《徐秀美插画风格分析与时代意义》，台北：台湾科技大学硕士论文。

民间美术企划制作，1990年冬纪念刊本，《索章三的书》，台北：民间美术有限公司。

民间美术企划制作，1994，《结婚式》年历笔记书，台北：民间美术有限公司。

李男，1969年10月，《二又二分之一的神话》，《幼狮文艺》第190期，台北：幼狮文化。

李男，1977，《三轮车继续前进》，高雄：德馨室出版社。

李志铭，2010，《装帧时代：台湾绝版书衣风景》，台北：行人文化实验室。

李志铭，2011，《装帧台湾：台湾现代书籍设计的诞生》，台北：联经出版社。

吕秀兰，1996 年 9 月，《回归原点，纸布为路》，《人生杂志》第 157 期，香港：人生杂志社。

吴美云总编辑，1997，《汉声 100：主题·目录·序·论·索引》，《汉声》杂志第 101—102 期，台北：汉声杂志社。

杉浦康平编著，杨晶、李建华译，2006，《亚洲之书·文字·设计：杉浦康平与亚洲同人的对话》，台北：网络与书出版。

周月英，1992 年 9 月，《重返自然的造纸艺术——访“民间美术”负责人吕秀兰》，《广告杂志》第 17 期，台北：广告杂志社。

卓芬玲，1993 年 9 月，《毫厘之美开启新天地——插画家吴璧人与首饰设计》，《妇友》双月刊革新号第 84 期，台北：妇友月刊社。

林欣谊，2009 年 9 月 13 日，《巨大的陈映真——永远的人间风格》，《中国时报》开卷版，台北：中国时报社。

林清玄，1982，《像隐逸告别——与林崇汉对谈》，《在刀口上》，台北：时报出版社。

青海，2014 年 4 月，《吴璧人——穿裙子的彼得·潘》，《南方人物周刊》，广东：南方报业传媒集团。

郭净，1993 年 10 月，《做书的吕秀兰》，《读书》第 175 期，北京：三联书店。

徐秀美，2010，《徐秀美个展——艺术的“空·间·谜·变”》，台北：大琳艺术工作室。

凌明声，1977 年 5 月 26 日，《心与眼的结合》，《中国时报》，台北：中国时报社。

凌明声，1989，《装甲兵的骄傲——凌明声的年少岁月》，《少年十五二十时》，台北：正中书局。

高信疆，2006，《山奔海立，纵横八荒——回首与林崇汉共事的日子》，《诸神黄昏：林崇汉作品集》，台北：联合文学出版。

陈泰裕主编，2001，《联副插画五十年》，台北：联合报社。

奚淞，1979 年 7 月 18 日，《美丽的山河，我们爱你！与〈汉声〉杂志发行人黄永松谈报道摄影》，《中国时报》第三五版“人间副刊”，台北：中国时报社。

奚淞，1987，《姆妈，看这片繁花》，台北：尔雅出版社。

索章三著，1994，《在爱情的屋檐下打零工》，台北：民间美术有限公司。

夏瑞红，2001 年 8 月，《吕秀兰式革命》，《讲义》第 173 期，台北：讲义堂。

夏瑞红，2003，《漫溯生命的源头——吕秀兰用“民间美术”向红尘托钵》，《人间大学：十五则来自不同生命体的故事》，台北：经典杂志社。

袁崐鼎，2007，《变形虫设计协会研究》，台北：台湾科技大学设计研究所硕士论文。

席德进，1970 年 10 月，《阮义忠的线画：自我心灵的独白》，《大学杂志》第 34 期，台北：大学杂志社。

张莹，2015 年 9 月 24 日，《台湾的摄影教父阮义忠：以谈恋爱的心情看眼前事》，《深圳商报》，广东：深圳报业集团。

张琼慧总编辑，2003 年 10 月，《从传统出发的文化创意产业 05——黄永松与汉声杂志》，宜兰：传统艺术中心。

曾淑美，2009 年 9 月，《陈映真先生，以及他给我的第一件差事》，《文讯》第 287 期，台北：文讯杂志社。

曾尧生，1998，《商业设计教战手册 3——封面设计》，台北：世界文物出版社。

黄湘娟访谈凌明声，1986 年 10 月，《恶补的联想——现代人与多元化生活》，《雄狮美术》第 188 期，台北：雄狮美术月刊社。

杨国台，1974 年 11 月，《中韩心象艺术大展》，《幼狮文艺》第 251 期，台北：幼狮文化。

杨国台，1978 年 5 月，《从反常出发》，《设计人》第 13 期，台北：艺专美工科美工学会发行。

杨国台，1987 年 4 月，《创作随想》，《印刷与设计》第 10 期，台北：印刷与设计杂志社。

杨国台总编辑，1995，《中韩交流 20 周年纪念专辑：1974—1994》，台南：变形虫设计协会。

积木文化编辑部企划制作，2008，《好样：台湾平面设计 14 人》，台北：积木文化。

赖瑛瑛，1996 年 4 月，《从颓废虚无到文化扎根——黄永松》，《艺术家》第 251 期，台北：艺术家杂志社。

霍鹏程编著，1981，《亚洲设计名家》，台北：图案出版社。

霍鹏程，1989 年 12 月 15 日，《传承与创新的杨国台》，《台湾时报》副刊，高雄：台湾时报社。

霍荣龄策划、尹萍撰著，2015，《凝视：霍荣龄作品》，台北：远流出版公司。

谢义枪，1981，《一个艺术家、设计家和诗人》，《设计界》

杂志第8期，台北：中国美术设计协会。

谢义枪，1987年12月18日，《匠心独运杨国台》，《台湾时报》副刊，高雄：台湾时报社。

简媜，1989，《粗茶淡饭——顺道说说大雁的逸事》，《下午茶》，台北：大雁书店。

蓝汉杰，2013年5月23日，《留住云端风景——阮义忠》，《明报周刊》第169期，香港：万华媒体出版。

罗青，1976，《罗青散文集》，台北：洪范书店。

苏宗雄，1982年3月，《线条与渲染交织出的"徐秀美风格"》，《艺术家》第82期，台北：艺术家杂志社。

图片来源：本书内页凡未特别标注出处与原件提供者之书影、海报、文宣、音乐专辑封面与图像等档案，皆为作者提供。

图书在版编目（CIP）数据

装帧列传：迎向书籍设计的狂飙时代 / 李志铭著 .—北京：商务印书馆，2019
ISBN 978-7-100-16594-5

Ⅰ. ①装…　Ⅱ. ①李…　Ⅲ. ①书籍装帧—设计—艺术史—中国　Ⅳ. ① TS881

中国版本图书馆 CIP 数据核字（2018）第 213659 号

装帧列传
迎向书籍设计的狂飙时代
李志铭　著

商　务　印　书　馆　出　版
（北京王府井大街 36 号　邮政编码 100710）
商　务　印　书　馆　发　行
北京中科印刷有限公司印刷
ISBN 978 - 7 - 100 - 16594 - 5

2019 年 12 月第 1 版　　　　　开本 880 × 1230　1/32
2019 年 12 月北京第 1 次印刷　　印张 10½

定价：68.00 元